KB243644

나는 스타일리시한
오일 이 좋다

나는 스타일리시한 와인이 좋다

초판 1쇄 인쇄 2008년 1월 5일
초판 1쇄 발행 2008년 1월 20일

지은이_ 이수연
펴낸이_ 전익균

기획_ 김도연
이사_ 이성윤, 송영욱, 임상현
마케팅_ 오정민, 송용범, 문세라, 박지윤   교정, 교열_ 이미순
디자인_ 김희숙

찍은곳_ 예림인쇄   출력_ 스크린   제본_ 바다제책

펴낸곳_ (주)새빛에듀넷
주소_ 서울 강남구 역삼동 723-28 영빌딩 2층
전화_ 02-3442-4393~4   팩스_ 02-3442-6771
e-mail _ svinvest@hanmail.net   홈페이지 _ www.assetclass.co.kr
등록번호_ 제16-4043호   등록일자_ 2006. 11. 28

값 12,000원

ISBN 978-89-92873-08-6 (13590)

* 잘못 만들어진 책은 구입하신 곳에서 바꾸어 드립니다.

나는 스타일리시한 오일 이 좋다

도서출판 새빛
SAEVIT

Prologue • • •

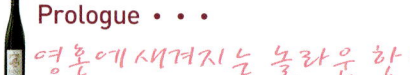
영혼에 새겨지는 놀라운 한 방울

세상이 많이 변해 와인이 우리 식탁과 술자리에서 중요한 테마가 되기 시작했다. 드라마마다 모든 술자리에서는 와인이 빠지지 않고, 덕담처럼 좋아하는 와인에 대해 한마디쯤 해야 시대에 뒤떨어지지 않을 것 같은, 실로 부담백배인 시대가 되어가고 있다.

와인이 프랑스 농부들의 주 생산품인 포도로 만든 술이니, 쌀을 주 생산품으로 하는 우리네 실정에 비유하자면 막걸리 같은 술이 바로 와인이다. 반주문화가 익숙한 우리처럼 프랑스인들도 매 식사마다 와인을 반주처럼 즐긴다.

그런데 이 술이 태평양을 건너오더니 어려운 술로 둔갑했다. 우리 문화가 아니니 어려운 것은 당연하다. 그 맛에 반해 연구 좀 하려 했더니 프랑스어도 낯선데 가보지도 않은 그 지역을 시험문제 외우듯이 암기해야 하고, 맛있다를 넘어선 이해 못할 표현들이 어색하기만 하다. 어디서 어떻게 시작해야 할지 참으로 난감하다.

그런데 생각해 보면 와인 스타일은 잘 몰라도, 적어도 내게 어울리거나 좋아하는 패션이나 음식은 있게 마련이다.

필자가 좋아하는 스타일은 클래식한 것에 베이스를 두고 가끔씩 변화를 주는 형이다. 옷의 경우 최대한 장식이 없는 심플 정장이 가장 많고, 음식으로 치자면 소스나 양념이 많은 것보다는 재료 그 자체로 향과 맛을 내는 그런 요리를 좋아한다. 커피도 잘 볶

아낸 커피의 향과 맛이 제대로 우러나오는 에스프레소나 블랙 오리지널을 좋아한다. 그렇다면 와인은? 수년에 걸쳐 이것저것 마셔봤지만 역시 보르도 스타일 와인이 좋다. 보르도는 마실 때마다 꼭 클래식 정장 수트 같은 느낌을 준다. 별로 실패할 확률이 없어 안정적이기 때문이라고도 말할 수 있다. 이것이 소위 말하는 나만의 취향이고 나만의 와인 스타일이다.

자기만의 스타일이라는 게 생기기 전까지는 안 어울리는 옷도 곧잘 사서 옷장에 처박어 두고 후회하는 시행착오를 거치는 게 일반적이다. 그렇게 시행착오를 한두 번 하다 결국 내 체형과 직업에 맞는 옷 스타일을 만들어간다. 와인이라고 별다르지 않다. 처음엔 이것이 맛있는 건지, 무슨 맛인지 분별하기 어렵다. 책 한두 권쯤 읽는다 해도 여전히 오리무중이긴 마찬가지라서 혹, 와인 공부를 포기하진 않았던가? 마치 몸에 맞는 스타일을 찾기보단 몸에 맞는 옷을 대충 걸치고 다니는 걸로 타협한 것처럼 말이다.

와인은 그 종류만도 수천 종에 이른다. 유럽 전역과 남미, 미국 등 전 세계에서 그 수를 헤아릴 수 없을 만큼 다양한 종류의 와인이 쏟아져 나온다. 그걸 다 외우지 못한다고 절망할 필요는 전혀 없다. 고백하건데, 필자가 마셔본 와인 역시 세상의 수많은 종류에 비하면 턱없이 부족하고 와인에 대한 지식이라고 해봐야 초보 수준을 갓 넘었을 뿐이다.

그럼에도 구태여 와인을 즐기고자 하는 사람들을 위해 한마디 던지자면, 모든 것에서와 마찬가지로 와인 이해에 있어서도 한가

지 '기본' 만은 꼭 기억하길 충고하고 싶다. 와인, 그 첫출발은 포도 품종에 대한 이해이고 그 다음은 생산지이다. 레드인가, 화이트인가, 로제인가는 비교적 쉬운 선택이니 이에 대한 고민은 일단 접자.

비유를 들자면 포도 품종은 '클래식하게 차려야 할 자리인가? 아니면 섹시하게 치장해야 할 자리인가?' 를 가리는 것에 대한 판단이며, 생산지는 '섹시 스타일을 쉬폰 드레스로 할 것인가? 아니면 가죽 자켓으로 할 것인가?' 에 대한 고민이랄 수 있다.

레드나 화이트를 고르는 일은 액세서리를 고르는 일쯤으로 여겨도 무방할 듯하다.

클래식 정장 수트 같은 까베르네 쇼비뇽
쉬폰 드레스같이 부드러운 메를로
밀리터리 룩 네비올로
강렬하지만 부드러운 비단, 피노 누아
꽃무늬 프린트 캐주얼 룩 리슬링……
소박한 미소를 닮은 보졸레.

당신이 어떤 입맛을 갖고 있는지, 당신에게 어떤 스타일이 어울리는지 궁금하지 않은가? 좋아하는 음식과 패션에 대해 명확한 스타일을 갖고 있다면 자신만의 와인을 찾는 과정이 보다 더 쉬울 것이다.

이 책은 와인을 일상에서 쉽게 즐기고 싶은 사람, 그 가운데서도 여자들, 초보자들을 위해 씌어진 책이다. 시중에 나와 있는 수많은 와인 책들과 비교해 볼 때 새로운 내용이나 지식을 담았다기보다는 이해하기 쉽게 일목요연하게 잘 정리하는 데 역점을 뒀다. 따라서 와인 교과서라기보다는 참고서쯤으로 여겨주면 좋을 듯하다.

마지막으로 이 책을 내기까지 도와주신 이철형 와인나라 대표님과 김도연 Wild Contents 대표, 든든하게 후원해준 친구 서근혜, 사랑하는 가족들에게 감사의 말을 전하고 싶다.

Contents

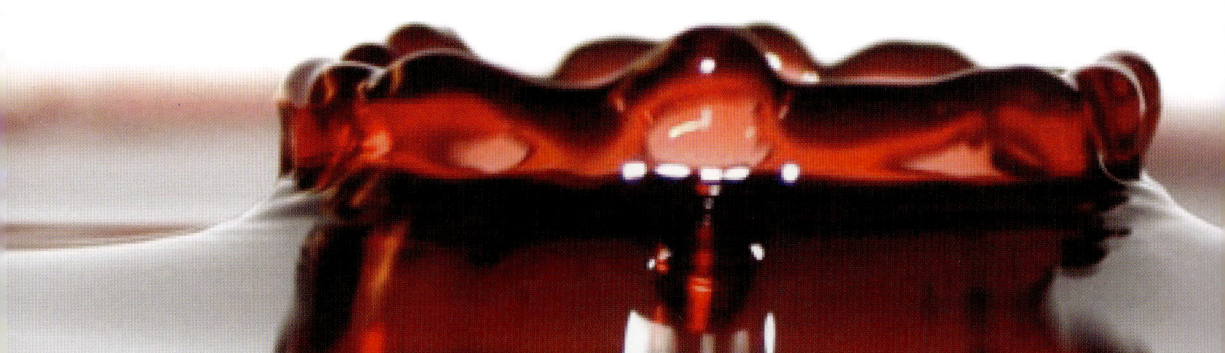

Part _01

혼자라서 좋다

길을 떠나고 싶을 때는 언제나 인생의 갈림길에 놓여 있을 때다. 선택은 인생의 방향과 희비를 가른다. 그래서 언제나 어렵고 두렵다. 그러나 동시에 새로운 가능성도 함께 열어둔다.

달콤한 인생을 위하여

　뛰어난 여자들이 점점 늘어나는 세상이다. 가장 보수적이랄 수 있는 법조계에서도 여성 파워가 점점 커지고 있다. 지난해 말 발표된 사법시험 합격자 중 거의 40%가 여성이란다. 팬시리 세상에 아군이 많이 생긴 듯해서 기분까지 으쓱해진다. 이런 뉴스를 들을 때마다 '그 어렵다는 사법시험을 통과했으니 이제 정말 다른 삶을 살겠구나' 하는 생각에 한편으로 부럽기도 하고, 시험이야말로 인생을 바꾸는 터닝 포인트가 아닐까 하는 생각도 해본다.

　우리는 태어나서 평생 몇 번의 시험을 치를까? 유달리 교육열이 높고 경쟁이 심한 나라에 사는 탓으로 우리는 어릴 때부터 시험에 단련돼 있다. 초·중·고등학교 내내 시험 보고 입시를 치러 대학에 들어가기까지 무려 20여 년 동안 수많은 시험을 거친다. 대학에 들어간 후에는 바늘구멍보다도 더 어렵다는 취업을 위해 몇 년을 다시 투자하고, 취직한 후에는 승진시험에 대비해 낮에는 일하고 밤에는 공부까지 해야 하는 버거운 삶이 이어진다.

인생 행로를 바꾸는 문제가 어디 쉬운가. 시험이 타고난 유전자와 자라온 환경을 뛰어넘을 수 있는 거의 유일무이한 기회이니만큼, 승자와 패자의 운명은 극명하게 갈린다. 패자는 고배, 그야말로 쓴잔을 마시고 승자는 달콤한 기쁨을 만끽한다.

여기에 그치지 않고 시험은 인생의 제2라운드를 위해 준비해야 하는 또 다른 관문이다. 자잘한 운전면허 시험부터 퇴직 이후를 고려한 각종 자격증 시험에 이르기까지 따지고 보면 일생을 두고 시험으로부터 자유롭기는 어렵다.

다행인건 시험만이 인생의 터닝 포인트가 아니라는 것이다. 도전을 두려워하지 않는 열정과 자신감 역시 인생을 바꾸는 열쇠가 되기도 한다. 얼마 전 교보문고에 갔을 때 <서른의 당신에게>라는 책 출간을 기념, 사인회를 위해 들른 전 법무부장관 강금실씨를 만났다. 북새통에 사인을 받을 수는 없었지만 왜 하필 '서른일까'에 잠깐 생각이 멈췄다. 여러 매체에 난 인터뷰를 통해 강씨가 '서른은 시작의 시기이며, 살면서 책임져야 하는 문제에 대해 심각하게 고민해야 하는 나이'이기 때문이라고 한 말을 들었다.

생각해 보니 맞는 말이기도 하다. 나 역시 서른 살에 회사 생활을 접고 유학길에 올랐고, 그 결과 이전과는 전혀 다른 삶을 살 수 있었다. 서른 살은 거의 일 중독에 걸려 있었던 내게 생애 처음으로 달콤한 일탈과 자유, 동시에 열정과 자신감을 다시 심어준 나이였다. 안정된 생활이 주는 안락함에만 빠져 있었다면 결코 가능하지 않았을 선택이었다. 사회생활을 시작한 이후, 내 인생의 첫 터닝 포인트였던 셈이다.

앞으로 내 인생에 몇 번의 터닝 포인트가 남아 있을지 알 수는 없으나, 열정과 자신감이 결코 나이 듦에 따라 사라지는 것이 아닐진대, 부디 앞으로도 두세 번 인생 행로를 바꿀 수 있을 만큼의 열정과 자신감이 남아 있기를 간절히 바란다.

오늘, 그토록 고대하던 시험에 통과한 당신.

오늘, 오랜 시간 꿈꿔왔던 그 일을 드디어 시작한 당신.

오늘, 어제와는 다른 삶을 살고자

오랜 고통을 이겨내고 마침내 이루어낸 당신.

모든 용기 있는 이들에게 오늘,

'과잉이 용서되는 한 잔의 와인'을 추천하고 싶다.

오늘이 지나면 인생의 또 다른 관문을 향해

또 다시 바삐 가야 하는 것이 우리네 인생이지만,

오늘만큼은 '달콤함에 빠져 헤어나오지 못하는 기쁨을 만끽하길',

그리하여 오래도록 달콤한 인생으로 기억하기를……

스위트 와인
세미용을 고르는 요령

서양 문화에서 스위트 와인은 디저트와 마시거나 또는 디저트 대용으로 마시기 때문에 디저트 와인으로 불린다. 그러나 디저트 문화가 없는 우리나라에서는 특별히 디저트용이라기보다는 단맛을 좋아하는 사람들이 선호하는 와인이다.

세미용은 프랑스 남서부 지방과 호주 헌터밸리, 미국 콜럼비아 밸리 등에서 재배된다. 스위트한 소떼른의 세미용이 아닌 드라이한 세미용을 즐기고 싶다면 최근 들어 품질이 좋아지고 있는 호주 헌터밸리 세미용을 추천한다. 그러나 쉽게 즐길 수 없는 이유 중의 하나는 가격이 비싸다는 것인데, 이 때문에 특별히 기념할 만한 날에 제격이다.

소떼른은 귀부현상을 일으키는 세미용과 쇼비뇽 블랑을 블렌딩해서 스위트한 와인을 생산한다. 이 지역 외 독일의 베렌아우스레제Beerenauslese나 트로켄베렌아우스레제Trockenbeerenausulese, 헝가리의 토카이Tokaji도 모두 같은 스위트 와인 타입이다. 다만, 독일은 리슬링Riesling 품종을, 헝가리는 푸르민트Furmint라는 품종을 쓴다. 소떼른 지역의 와인이 부담스럽다면 신세계 지역에서 늦게 수확한Late harvest 와인도 생각해 볼 만하다.

또 하나 국내에 애호가들이 많은 스위트 와인으로는 아이스 와인Ice Wine이 있는데 잘 알려져 있는 대로 캐나

금테성표 음비

호차라서 좋다

스위트 와인의 대명사
샤또 디켐

다, 독일 와인이 많이 팔린다. 이 와인은 원래 독일의 아이스바인 Icewein에서 원조격이나 오늘날에는 캐나다산이 유명하다. 포도 당도가 최고조에 이른 상태에서 영하의 추위로 포도가 얼게 되면 직접 손으로 수확 후 발효하며, 적정 알코올 도수에 이르렀을 때 발효를 멈춘다. 추운 지역에서 당도 높은 포도를 만든다는 것은 매우 어려운 일이기 때문에 아이스 와인은 비싸다. 이에 대한 대안으로 미국 캘리포니아, 오리건 등에서는 익은 포도를 냉동실에 넣어 냉동시킨 후 압착하여 즙을 짜서 만드는 '아이스 와인 스타일'을 만들어 내놓기도 하는데 물론 가격은 더 저렴하다.

The Grape Style
세미용 – 골드 새틴 드레스
아름답고 황홀한 미감(未感)

세계적으로 뛰어난 스위트 화이트 와인 산지로는 프랑스 그라브 Graves 지방의 소떼른Sauternes 지방이 유명하다. 세계적으로는 샤또 디켐Ch. d'Yguem이 가장 유명하다.

포도를 늦게까지 수확하지 않고 과숙시킨 후 곰팡이가 낀 다음에 수확, 와인을 만들기 때문에 귀부와인Noble rot이라고도 한다. 벌꿀 맛과 톡쏘는 듯한 느낌을 주며 크리미한 결은 압권이다. 단맛을 좋아하지 않아 멀리했던 사람들을 민망케 할 정도로 독특한 풍미를 선사한다.

· Aroma : 멜론, 배, 감귤 향 등 과일향이 많이 난다. 오크통에서 숙성된 와인

은 스파이시, 견과류 향이 난다.

· Dry : 산도가 낮은 편이기 때문에 다른 품종, 특히 쇼비뇽 블랑과 블렌딩한다. 세미용 자체는 드라이하지만 프랑스 소떼른 같은 일부 지역에서 귀부현상(보트리티스라는 곰팡이의 영향으로 포도열매의 수분이 증발하고 당분이 농축되는 현상)을 일으켜 스위트한 와인이 된다.

· Medium~full-bodied : 바디는 미디엄에서 풀바디로 비교적 묵직한 편이다.

와인 테이스팅 기본 용어

❶ Aroma(아로마), Bouquet(부케) = 향

두 가지 모두 와인의 향기를 묘사하는 용어이지만, 아로마는 포도 품종에서 우러나오는 향기를 일컫는 말이고, 부케는 와인의 발효, 숙성 중에 형성되는 향기로 이 둘을 구분하기 위해 달리 표현한다. 파인애플, 레몬, 블랙베리, 망고 등 주로 과일향으로 표현되는 것은 아로마를 가리키는 것이며, 바닐라, 초콜릿, 담배, 삼나무 등의 향은 오크 숙성 등을 거친 와인에서 나오는 향으로 부케라고 한다.

"아로마가 없는 화이트 와인은 아무것도 아니다"라는 말이 있을 정도로 화이트 와인은 아로마가 훨씬 중요시되는데, 이는 화이트 와인의 경우 숙성과정이 생략되거나 숙성기간이 레드 와인에 비해 월등히 짧아 부케가 생성되기 어렵기 때문이다.

❷ Dry, Medium-dry, Sweet = 단맛 레벨

모든 술과 마찬가지로 와인도 발효과정을 통해 만들어진다. 발효는 포도 속의 포도당이 이스트를 만나 알코올과 이산화탄소로 변화하는 과정을 의미한다. 단맛이 없는 드라이 와인을 위해서는 포도당이 이스트에 의해 모두 알코올로 변해야 한다. 약간 단맛이 있는 와인은 발효과정 중에 이스트에 의해 더 이상 발효가 일어나지 않도록 통제, 잔당을 남긴 와인이다. 단맛이 강한 와인은 보다 더 까다로운 과정을 거친다. 당도가 최고조에 이를 때까지 수확을 늦춰 발효시키는데, 너무 높은 당도 속에서는 이스트가 살 수 없어 일정 도수 이상에서는 발효가 정지되고, 이 발효되지 않아 남은 포도당으로 인해 단맛이 생기게 된다.

따라서 스위트한 와인을 만들기 위해서는 기후가 절대적이고 적기를 찾아 수확하는 게 무엇보다도 중요하다. 보통 나무 한 그루에서 레드 와인 1병을 생산한다면, 스위트 와인의 경우 한 그루에서 1잔을 생산한다. 이 때문에 스위트 와인은 생산량이 불규칙하고 가격이 비싸다.

❸ Crisp(아삭아삭한), Bright(산뜻한), Smooth(부드러운) = 산도(신맛) 레벨

한 방울의 레몬즙이 생기 없던 요리에 활기를 불어넣듯이, 산도는 와인에 생동감을 주는 중요한 요소다. 와인이 활기 있고 신선하고 아삭아삭하고 산뜻하거나 부드럽고 크리미한 느낌을 주는 건 산도의 정도에 달려있다.

산도는 기후와 밀접한 연관이 있는데, 일반적으로 시원한 지역에서 생산되는 와인이 더운 지역에서 생산되는 와인보다 산도가 더 높다. 또한 밤 온도가 높으면 포도나무는 쉬지 않고 낮 동안 광합성으로 생성한 포도당을 에너지로 전환시키는데, 이로 인해 산도가 크게 떨어진다. 반대로 밤 온도가 시원하면 산도는 그대로 유지된다. 이는 일교차가 큰 지역일수록 좋은 와인의 생산이 가능한 이유이기도 하다.

❹ Light, Medium-full, Full-bodied = 알코올 레벨

알코올은 태닌과 마찬가지로 혀에서 맛을 볼 수는 없고 느껴지는 것이다. 알코올 도수가 낮은 와인은 입안에서 느껴지는 무게감이 덜하고, 반대로 도수가 높으면 무겁게 느껴지는데 이를 바디라고 부른다. 알코올 도수의 높고 낮음은 포도의 당도에 비례하는데 당도 높은 포도를 생산하기 위해서는 햇빛이 결정적이다.

따라서 더운 지역에서 자라는 포도나무는 당도가 더 높아 자연적으로 알코올 도수가 높아지고 서늘한 지역에서 자라는 포도나무는 알코올 도수가 상대적으로 낮다. 이는 화이트 와인이 레드 와인보다 서늘한 지역에서 많이 자라 알코올 도수가 낮고, 프랑스 와인보다 호주나 캘리포니아 와인의 알코올 도수가 더 높은 것을 설명한다.

❺ Light, Medium, Strong tannins = 태닌 레벨(레드 와인)

태닌은 와인의 장수에 영향을 미치는 중요한 성분으로 태닌이 많을수록 오래도록 장기보관이 가능하다. 태닌은 포도 껍질과 포도씨, 줄기부분에 많고, 오크 숙성시 오크에서도 나온다. 태닌은 맛^{Taste}이 아니고 감각으로 느끼는 것^{Sensation}이며, 우리말로는 '떨떠름하다' 라고 표현할 수 있다. 와인뿐 아니라 마시는 차에도 태닌이 있으며, 이 떨떠름을 줄이기 위해 우유가 이용되기도 한다. 홍차 등에 우유를 섞어 마시면 강한 태닌이 부드럽게 느껴지는 것도 이 때문이다. 태닌이 많은 와인을 마실 때 치즈나 크림 소스가 어울리는 것도 같은 이치다.

A Talk Break

와인 제대로 즐기기

와인을 마시는 최종 목적은 '즐거움' 이다. 와인을 더 깊이 있게 이해하기 위해 많은 책을 읽는 것도 중요하지만, 한 잔이라도 '제대로' 마시는 것이 와인 이해의 지름길이다. 와인 테이스팅은 컬러, 흔들기, 향, 맛, 음미하기 등 5단계를 거친다.

❶ 컬러

컬러를 보는 가장 좋은 방법은 흰색을 띠는 대상 앞에 와인잔을 대보는 것이다. 보통 흰색 냅킨이나 테이블보, 종이 등에 비춰 컬러를 식별한다. 와인 컬러는 포도 품종 및 숙성 정도에 따라 각각 다른 컬러를 지니게 되는데, 아래와 같다.

· 화이트 와인
 엷은 황록색, 연한 볏짚색, 연한 황금색, 황금색, 노란빛이 도는 황금색, 갈색 톤이 도는 노란색

· 레드 와인(와인 컬러의 비밀 참조)
  퍼플, 루비, 레드, 벽돌색, 갈색빛이 도는 레드, 갈색

　와인 컬러는 해당 와인에 대한 많은 정보를 제공한다. 다른 나라와 달리, 레드 와인을 월등히 선호하는 우리나라에서는 레드 와인 컬러에 집중하는 경향이 있지만, 위에서 보듯 화이트 와인도 레드 와인 못지 않게 다양한 컬러를 갖고 있다. 오래될수록, 오크통에서 숙성된 것일수록 색깔이 진해지고, 품종에 따라(샤르도네는 리슬링보다 깊은 컬러를 갖고 있다) 색깔이 달라진다. 그러나 색깔을 인식하는 것은 개인별로 다르므로 정해진 답은 없다.

❷ 흔들기

　와인 바 등에서 와인잔을 들고 흔드는 광경은 더 이상 낯선 풍경이 아니다. 오랜 시간 병속에 갇혀 있던 와인은 산소를 만나면서 비로소 기지개를 펴기 시작한다. 비유하자면 흔들기는 와인을 스트레칭 시키는 동작과도 같다. 흔들기를 통해 보다 유연해진 와인은 더 풍부한 아로마와 부케를 선사한다.

❸ 향

　흔들기를 통해 와인 향을 음미할 준비를 마쳤으면, 다음 단계는 가장 중요한 향을 맡는 것이다. 과학자들에 따르면 인간은 약 2천 종

류의 냄새를 맡을 수 있다고 하는데, 와인은 이 가운데 약 2백여 종류의 향을 갖고 있다. 와인 감별시 가장 많은 정보를 주는 것은 '맛'이 아니라 '향'이다. 그러나 가장 중요한 과정임에도 불구, 실제로는 많은 사람들이 간과하는 부분이기도 하다.

향은 와인이 어디에서 왔는지를 알려주는 중요한 지표인만큼 적어도 세 번 이상 충분한 시간을 갖고 맡도록 한다. 또한 전문가들이 묘사해 놓은 와인별 다양한 표현에 얽매이기보다는 품종별 대표 향 위주로 기억해 두는 것이 좋다. 화이트 와인은 샤르도네, 쇼비뇽 블랑, 리슬링을, 레드 와인은 까베르네 쇼비뇽, 멜럿, 피노 누아, 시라/쉬라즈 등을 구별해 본다.

여러 번 반복적으로 맡고 기억해 두면 차이점이 발견되고 자신이 좋아하는 스타일도 점차 확실해진다.

❹ 맛

와인을 '맛보다'의 의미는 한 모금의 와인을 삼킨다는 것 이상의 복잡하고 다양한 의미를 갖고 있다. 우리의 혀는 기본적으로 단맛, 신맛, 짠맛, 쓴맛 등 4가지를 느낄 수 있다. 이 중에서 와인 테이스팅시에는 짠맛은 거의 거론되지 않고(와인에는 소금이 들어가지 않는다), 단맛과 신맛이 주요 음미 포인트다. 단맛은 혀끝에서 제일 먼저 느낄 수 있고, 과일 맛이나 포도 품종적 특성은 혀의 가운데 부분에서 느껴진다. 신맛은 혀의 양 사이드 부분과 목구멍의 뒷부분에서 느껴진다. 알코올과 태닌이 많을 경우 와인이 쓰게 느껴지기도 하는데, 이 쓴맛은 혀의 뿌리 부분에서 감지된다.

레드 와인을 표현할 때 꼭 등장하는 태닌은 우리의 혀에서 느낄 수 있는 맛Taste이 아니라 '감각 sensation' 이다. 태닌은 혀 중간 부분에서 느껴지는데, 이것이 지나치게 많으면 와인의 과일 맛을 압도해 버린다.

또한 바디 역시 '알코올 정도' 에 따라 감지되는 감각으로 알코올이 높을수록 입안이 묵직하게 느껴지고 알코올이 낮을수록 가볍고 산뜻하게 느껴진다. 높은 알코올은 혀 뿌리 부분에서 목구멍 사이에서 느껴진다.

❺ 음미하기

와인을 맛본 후에는 잠시 집중하고 약 1분간 와인에 대한 전반적인 평가를 내린다. 풀바디인가? 스트롱 태닌인가? 스위트한가? 그리고 최종적으로 내 스타일인가? 등을 하나하나 생각해 본다. 그런 다음 코로 맡은 향과 혀로 느낀 맛, 알코올 도수로 인해 느껴지는 묵직한 정도인 바디, 떨떠름한 느낌을 주는 태닌의 정도와 마시고 난 후의 전체적인 느낌을 표현해 본다.

좋은 와인은 각각의 요소들이 어느 한쪽에 치우치거나 빠진 요소 없이 좋은 밸런스를 갖추고 있는 와인이다. 와인 표현에 있어서 옳고 그름은 없다. 정해진 표현 방식에 얽매이지 말고 자신만의 느낌으로 와인을 이해하고 표현하는 것이 정답이다. 그것이 바른 와인 즐기기이다.

● Wine List

구분	생산국	이름	품종	생산지	빈티지	생산자	알코올 도수	용량	소비자 가격
	프랑스	지네스테 소떼른느	세미용 / 쑈비뇽 블랑 / 무스까델	소떼른	2002	Ginestet	12%	750ml	59,000
	프랑스	프리미어 꼬뜨 드 브르도	세미용 70% 쇼비뇽 블랑 25% 무스까델 5%	보르도	2004	Calvet	12.50%	750ml	18,000
	프랑스	바롱 필립 소떼른	세미용 70% 쇼비뇽 블랑 25% 무스까델 5%	소떼른	2002	Baron Philippe de Rothschild	13.50%	750ml	92,000
	프랑스	샤또 디켐 소떼른	세미용 80% 쇼비뇽 블랑 20%	소떼른	1998	Ch,d'Yquem	13.50%	375ml	359,000
	독일	블루넌 아이스바인	리슬링 100%	라인헤센	1999	Langguth	10%	500ml	90,000
	독일	모레나 베렌아우스레제	리슬링 100%	팔츠	2002	Mo-Rhe-Na	7%	375ml	58,000
	캐나다	랭 리슬링 아이스와인	리슬링 100%	BC주	2001	Lang	9%	375ml	138,000
	캐나다	이바치 비달 아이스와인	비달 100%	온타리오	2005	Pillitteri	10%	375ml	78,000
	칠레	몬테스 레이트 하비스트	게부르츠 트라미네르 50% 리슬링 50%	큐리코 밸리	2003	Montes	13.50%	375ml	29,000
	호주	노블 리슬링	리슬링 100%	맥라렌 베일	2001	D'Arenberg	11%	375ml	54,000

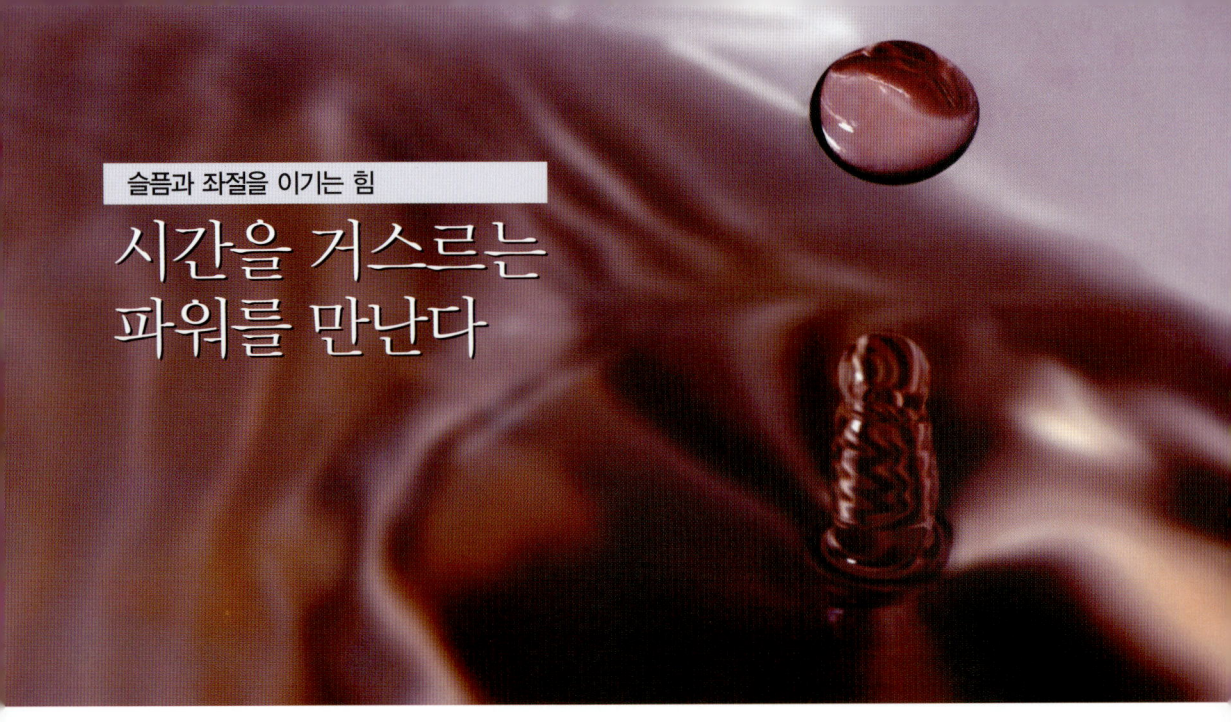

시간을 거스르는
파워를 만난다

그날 아침 오랫동안 잊고 지냈던 고질병이 도졌다. 여자들은 보통 봄에 바람이 나게 마련이건만 나는 유독 가을을 더 심하게 앓는 중병을 갖고 있다. 한창 일을 할 때는 가을이고 뭐고 그냥 지나쳐왔는데 조금 여유가 생긴 탓인지 또 어딘가로 떠나고 싶어진 것이다.

어디를 가서 얼마나 머물겠다는 계획도 없다. '내가 언제는 여행을 계획하고 떠났나.' 이것저것 주섬주섬 챙겨 가방에 쑤셔넣고 지갑에 약간의 현금이 있는 걸 확인한다. 떠날 준비 끝.

지하주차장을 나온 자동차는 강변북로를 달린다. '이제 어디로 가야 하나' 무턱대고 일단 한남대교로 진입한다. 부산이냐 강릉이냐를 놓고 잠시 고민하다 영동고속도로로 방향을 잡는다. '그래 동해바다로 가는 거다.' 내가 힘들 때마다 위안을 얻었던 곳은 언제나 동해바다였지 않은가.

준비없이 대책없이 잘 떠나는 내 이력의 시작은 대학시절부터이다. 그때는 정말이지 유달리 가을을 심하게 앓았는데, 가을에는 거의 학교를 빼먹다시피 할 정도였다. 아침마다 가방을 들고 학교 가는 버스를 타지만, 생각에 빠져 내릴 정거장을 지나기 일쑤였고 그때마다 발 닿는 아무데나 거닐다 하루를 보내곤 했다.

그날도 가을비가 촉촉히 내려 보도블록 위로 은행잎이며 단풍잎들이 떨어져 있는 걸 보고 무작정 고속버스 터미널로 가서 즉흥적으로 경주에 갔다. 보는 시험마다 다 떨어지고 자신감은 너덜너덜 만신창이가 됐는데, 떨어진 낙엽이 꼭 나같이 느껴졌던 것이 '떠남'의 이유였다. 유일한 소지품이라고는 유홍준의 '나의 문화유산답사기.' 여행 내내 책 제목이 마치 무슨 아젠다처럼 '나의 문화유산은 무엇일까'를 생각하게 했다. 오랜 고민을 매듭짓고 여행에서 돌아온 나는 마침내 기자 시험을 준비하기로 결심했다. 그것이 나의 첫 솔로 여행의 시작이었다.

동해바다에 도착해 어느 고즈넉한 포구를 찾았다. 여름을 비껴간 가을바다는 참으로 고요하고 아름다웠다. 가을 햇빛을 한껏 머금은 바다는 출렁일 때마다 황홀한 '물비늘' 자태를 뽐내며 가슴으로 들어왔다. 이윽고 곧 어슴푸레 해가 지고 추워졌다. 바다를 바라보며 잘 수 있을 것 같은 한적한 모텔을 찾아 들어갔다.

언제나처럼 별로 챙길 게 없었는데, 이날 내가 유일하게 갖고 있었던 것은 프랑스 마고의 브랑 깡뜨냐. 언제고 가장 필요한 순간에 함께하고 싶어서 고이 모셔둔 터였다. 단출하기 짝이 없고, 몸은 고단했지만 마음만은 넉넉했다. 대자연이 내린 축복, 강하면서도 부드러운 마고를 만나 새로운 생명에너지를 수혈받을 수 있을 것 같았기 때문이다. 불멸의 생명력을 가진 놀라운 한방울 마고, 후에 이것은 내 운명의 와인이 됐다.

이날 나는 모텔 방의 불도 끄고 외롭고 힘들 때마다 들었던 스팅의 'Fragile'과 파도소리를 들으며 새벽녘까지 브랑 깡뜨냐와 함께했다. 마치 깊은 슬픔을 머금은 첼로 선율이 나를 따라 흐르는 듯 깊고도 오랜 여운이 느껴졌다. 잘 나가던 회사를 여러 가지 이유로 그만두고 허탈감과 배터리가 방전되듯 빠져나간 열정의 깊은 흔적에 대한 쓸쓸함만이 나를 채우고 있던 시기였다. 그 무엇으로도 치유될 것 같지 않던 깊은 슬픔과 외로움이 일시에 위안받는, 잊지 못할 시간이었다.

길을 떠나고 싶을 때는 언제나 인생의 갈림길에 놓여 있을 때다. 선택은 인생의 방향과 희비를 가른다. 그래서 언제나 어렵고 두렵다. 그러나 동시에 새로운 가능성도 함께 열어둔다.

동해에서 돌아온 그로부터 일주일 뒤, 나는 서울와인스쿨에서 본격적인 와인공부를 시작했고, 그로부터 다시 2개월 후 여자들을 위한 와인 책을 쓰기로 결심한다. 그리하여 브랑 깡뜨냑은 이제 내게 잊지 못할 두 번째 문화유산이 됐다.

'on and on the rain will fall, like tears from a star……
how fragile we are, how fragile we are……'
마음에 비가 내리는 날,
세상과 홀로 떨어져 혼자된 기분이 드는 날,
좌절과 외로움이 폐부 깊숙이 찾아오는 날,
영혼의 친구 같은 와인을 만날지어다.
그리고 그것이 던지는 밀어(密語)에 가슴을 한껏 내어주길…….

오랜 생명력의 까베르네 쇼비뇽
영혼에 새겨지는 생명 에너지

영혼의 깊은 침잠에는 오랜 세월을 두고도 힘있게 살아남은 놀라운 생명력을 보여주는, 깊이가 느껴지는 까베르네 쇼비뇽 Cabernet Sauvignon을 따라올 게 없다. 피노 누아 Pinot Noir가 까다롭고 예민한 캐릭터를 가진 품종이라면 까베르네 쇼비뇽은 고급 품종이면서도 넉넉하고 깊다.

프랑스를 비롯, 전세계에서 생산되므로 자신의 스타일에 따라 선택하면 된다. 개인적으로는 프랑스 까베르네 쇼비뇽을 더 선호하지만, 미국 캘리포니아, 칠레, 호주 등 신세계에서 생산되는 까베르네 쇼비뇽도 국내에 많은 팬을 확보하고 있다. 좀 더 묵직하고 농축미를 강하게 느끼고 싶다면 신세계산을, 클래식한 스타일을 선호한다면 프랑스산을 추천한다.

까베르네 쇼비뇽 – 블랙 정장 수트
클래식한 긴장감의 진수, 가늠할 수 없는 깊이의 미학

격식을 차려야 하는 자리를 위해 반드시 한 벌쯤 갖고 있어야 하는 게 바로 정장이다. 까베르네 쇼비뇽은 시간이 흐를수록 오히려 그 가치를 더하는 클래식한 정장 수트 같은 느낌을 준다. 기본과 품격, 깊이 면에서 타의 추종을 불허하는 리더의 자신감을 느끼게 한다.

프랑스 보르도 Bordeaux 메독 Médoc 과 그라브 Graves 지역에서 재배되는 대표적인 포도 품종이며, 수세기 동안 프랑스 보르도 지역에서 레드 와인의 제왕으로 굳건히 자리를 굳히고 있다. 최근에는 미국 캘리포니아, 칠레, 호주 등에서도 많이 재배되고, 이탈리아, 스페인 등에서도 전통적인 품종에서 까베르네 쇼비뇽으로 많이 대체되고 있다.

흑청색에 껍질이 두꺼우며 일조량이 많고 배수가 잘되는 땅에서 잘 자란다. 프랑스 지역에서 생산되는 와인은 한 품종만이 아니라 여러 품종의 와인을 블렌딩하는 경우가 많은데, 까베르네 쇼비뇽을 기본으로 해서 멜럿 Merlot, 까베르네 프랑 Cabernet Franc, 쁘띠 베르도 Petit Verdot, 말벡 Malbec 등을 혼합한다.

프랑스 보르도 메독과 그라브지방, 이탈리아 토스카나 Toscany, 스페인의 까탈루냐 Cataluna, 미국 캘리포니아, 호주, 칠레 등에서 광범위하게 재배된다.

· Aroma & Bouquet : 향이 강하고 풍부하다. 후추, 정향 같은 향신료, 민트, 올리브향이 나며, 오크 숙성한 와인은 바닐라, 초콜릿, 담배향 등을 남긴다.

· Bright : 다른 포도 품종보다 드라이한 편이고 멜럿 보다는 산도가 높은 편이다. 같은 포도품종이라도 덜 더운 지역인 보르도에서 나는 까베르네 쇼비뇽은 산도가 높게 느껴진다.

· Medium ~ full-bodied : 상대적으로 더운 지역에서 생산되는 까베르네 쇼비뇽은 알코올 도수가 높아(13.5~14도) 풀바디, 묵직한 느낌을 준다. 덜 더

운 지역에서는 포도에 당분이 적어 도수가 약간 낮고(12~13도) 미디엄 바디로 산뜻한 느낌을 준다.

· Medium ~ strong tannins : 껍질이 두꺼워 탄닌이 다른 품종보다 많아 떫떠름한 맛을 준다. 특히 영 와인일수록 떫은 맛이 강하게 느껴지나 숙성이 될수록 부드러워진다. 보로도의 유명 산지에서 생산되는 최고급 와인은 몇 십 년간 숙성이 되기도 하는데, 탄닌과 산도가 높을수록 장기 숙성에 유리하다.

보르도 와인의 이해

보르도 와인 이해의 시작, A.O.C.

프랑스 와인이 오늘날과 같은 명성을 누리게 된 이유는 일찍부터 품질관리체계를 확립, 유지해왔기 때문이다. A.O.C.란 '원산지 명칭 통제'라는 뜻으로, 프랑스 정부는 1935년부터 법률에 의해 와인제조를 규제, 포도 재배지 위치와 명칭을 통제해오고 있다.

이로 인해 프랑스 지역에서 생산되는 와인은 와인마다 다른 라벨을 부착하고 있는데, 라벨에 어떤 원산지가 표시되느냐에 따라 가격이 달라진다. 좋은 쌀로 유명한 경기도 이천 쌀을 예로 들어 보자. 프랑스식 원산지 명칭 통제 방법을 적용하면 경기도 쌀 → 이천 쌀 → 명문 홍길동네 쌀 순서로 높은 가격이 매겨진다. 홍길동네 쌀은 경기도 쌀보다 품질에 대한 책임소재가 명확해 더 좋은 쌀을 생산해 내기 때문이다. 같은 이치로 프랑스에서도 지역의 경계가 명확하고 좁을수록 더 좋은 와인이 생산된다.

Bordeaux

생산지 크기와 품질(W : 비싼 정도)

보르도 대표지역 가문의 하나인
바롱필립 드 로췰드 가문

· **보르도(₩)** : 가장 낮은 수준의 A.O.C. 보르도에서 가장 싼 와인이며 라벨에는 무통까데(Mouton-Cadet)와 같은 브랜드 네임이 씌어 있다.

· **보르도+지역(₩₩)** : 중간 수준의 A.O.C. 메독이나 생떼밀리옹 같은 보르도 내 특정지역이 씌어 있다.

· **보르도+지역+샤또Château(₩₩₩)** : 가장 높은 수준의 A.O.C. 샤또란 영어로는 성곽이나 대저택을 의미하지만, 보르도 와인에서는 개인이 소유하고 있는 포도밭을 의미한다. 보르도에서는 포도밭을 소유하는 데 그치지 않고 제조 전 과정을 샤또에서 할 정도로 시설을 갖추고 있다. 현재 보르도에는 약 8,000여 개의 샤또가 있다. 최상의 품질을 갖고 있고 라벨에는 성곽 모양의 그림과 특정 샤또의 이름이 적혀 있다.
다시 정리해 보면, 생산지 면적 크기와 품질 순위는 반대다.

> **생산지 면적 크기** : Bordéaux > Médoc > Haut Médoc > Margaux
> **품질 순위** : Marguax > Haut-Médoc > Médoc > Bordeaux

따라서 보르도 지역 와인을 고를 때는 보르도라는 지명보다는 보르도 내 더 좁은 지역명 또는 샤또가 들어간 와인을 골라야 좋은 품질을 가진 와인을 만날 수 있다.

Left Bank & Right Bank

보르도 지역은 이 지역을 지나는 강을 중심으로 두 지역으로 크게 나뉜다. 통상 강의 왼쪽을 Left Bank라 하고 강의 오른쪽을 Right Bank라고 한다. 강의 오른쪽이냐 왼쪽이냐에 따라 기후와 땅 조건이 다르고 주요 포도 품종도 달라진다. 까베르네 쇼비뇽은 강의 왼쪽에서, 멜럿과 까베르네 프랑은 강의 오른쪽에서 재배된다.

레프트 뱅크(Left Bank) : Médoc(메독) & Graves(그라브)

· 메독(Médoc) : 크게 윗부분인 바 메독(Bar Médoc)과 아래지역인 오 메독
 (Haut - Médoc)으로 나뉜다. 오 메독은 이 지명을 라벨에 쓰지만 바 메독
 은 지역 지명 대신 보르도라고 표기한다.

· 오 메독(Haut-Médoc) : 6개의 소규모 지역 원산지로 나뉘는데 주요 4개
 지역을 위쪽부터 아래쪽으로 나열하면 다음과 같다.
 쌩 에스테프(Saint-Estéphe) → 뽀이약(Pauillac) → 쌩 줄리앙(Saint-Julien) → 마
 고(Margaux)

　위쪽으로 올라갈수록 태닌이 거친 편이고 남쪽으로 내려올수
록 부드럽다. 뽀이약은 위쪽과 아래쪽의 중간으로 둘의 특성이
잘 조화돼 있어 보르도 최고 와인이 생산된다.

· 그라브(Graves) : 북부에 위치한 빼싹 레오냥(Pessac-Iéognan)은 고
 급 레드와인을 생산한다.

· 소떼른(Sauternes) : 세계 최고 수준의 화이트 스위트 와인을 생산한다.

· 라이트 뱅크(Right Bank)
 1) 쌩떼밀리옹(Saint-Emilion)
 2) 뽀므롤(Pomerol)

그라브 지방의 그랑크뤼 클라쎄 와인
샤또 오브리옹

프랑스 와인 등급 제도

그랑크뤼 클라쎄(Grand Cru Classé, 1855) – 150년을 이어온 등급 제도

보르도 메독 지역(그라브 지역의 Château Haut-Brion(샤또 오브 리옹)도 포함에서 고급 와인을 생산하는 61개 생산업자들이 그 품질 레벨에 따라 1등급부터 5등급까지 정해 놓은 등급제도이다. 1855년 나폴레옹 3세 때부터 제정된 이 제도는 현재까지 150년 넘게 거의 변동 없이 이어져 내려오고 있는데, 높은 등급일수록 고급 와인이며 가격도 비싸다.

구분	샤 또	A.O.C.
1 등급	Château Lafite-Rothschild(라피뜨 롯쉴드)	Pauillac
	Château Latour(라뚜르)	Pauillac
	Château Margaux(마르고)	Margaux
	Château Mouton-Rothschild(무똥 롯쉴드)	Pauillac
	Château Haut-Brion(오 브리옹)	Pessac-Léognan(Graves)
2 등급	Château Rauzan-Ségla(로장 세글라)	Margaux
	Château Rauzan-Gassies(로장 가씨)	Margaux
	Château Léoville-Las Cases(레오빌 라스까스)	Saint-Julien
	Château Léoville-Poyferre(레오빌 뿌와페레)	Saint-Julien
	Château Léoville-Barton(레오빌 바르똥)	Saint-Julien
	Château Durfort-Vivens(듀포르 비벙)	Margaux
	Château Gruaud-Larose(그루오 라로즈)	Saint-Julien
	Château Lascombes(라스꽁브)	Margaux
	Château Brane-Cantenac(브란느 깡뜨낙)	Margaux(Cantenac)
	Château Pichon-Longueville-Baron(피숑 롱그빌 바롱)	Pauillac
	Château Pichon-Longueville-Comtesse de Lalande	Pauillac
	Château Ducru-Beaucaillou(두크루 보까이유)	Saint-Julien
	Château Cos d'Estournel(코스 데스뚜르넬)	Saint-Estéphe
	Château Montrose(몽로즈)	Saint-Estéphe

3 등급	Château Kirwan(끼르완)	Margaux(Cantenac)
	Château d'Issan(디쌍)	Margaux(Cantenac)
	Château Lagrange(라그랑쥬)	Saint-Julien
	Château Langoa-Barton(랑고아 바르똥)	Saint-Julien
	Château Giscours(지스꾸르)	Margaux(Labarde)
	Château Malescot-st-Exupéry(말레스꼬 쌩떽쥐뻬리)	Margaux
	Château Cantenac-Brown(깡트낙 브라운)	Margaux(Cantenac)
	Château Boyd-Cantenac(부아드 깡트낙)	Margaux(Cantenac)
	Château Palmer(빨메르)	Margaux(Cantenac)
	Château la Lagune(라 라귄느)	Haut Médoc(Ludon)
	Château Desmirail(데스미라이)	Marguax
	Château Calon-Ségur(깔롱 세귀르)	Saint-Estéphe
	Château Ferriére(페리에르)	Marguax
	Château Marquis d'Alesme Becker(마르뀌스 달렘므 베께르)	Marguax
4 등급	Château Saint-Pierre(쌩 삐에르)	Saint-Julien
	Château Talbot(딸보)	Saint-Julien
	Château Branaire-Ducru(브라네르 뒤끄루)	Saint-Julien
	Château Duhaire-Milon-Rothschild(뒤애르 밀롱 롯쉴드)	Pauillac
	Château Pouget(뿌네)	Margaux(Cantenac)
	Château La Tour Carnet(라 뚜르 까르네)	Haut Médoc(Saint-Laurent)
	Château Lafon-Rochet(라퐁 로셰)	Saint-Estéphe
	Château Beychevelle(베쉬벨르)	Saint-Julien
	Château Prieuré-Lichine(쁘리외레 리쉰느)	Margaux(Cantenac)
	Château Marquis de Terme(마르뀌스 드 테름므)	Margaux
5 등급	Château Pontet-Canet(뽕떼 까네)	Pauillac
	Château Batailley(바따이)	Pauillac
	Château Haut-Batailley(오 바따이)	Pauillac
	Château Grand-Puy-Lacoste(그랑 쀠이 라꼬스뜨)	Pauillac
	Château Grand-Puy-Ducasse(그랑 쀠이 뒤까스)	Pauillac
	Château Lynch-Bages(랭쉬 바주)	Pauillac
	Château Lynch-Moussas(랭쉬 무싸스)	Pauillac

5 등급	Château Dauzac(도쟉)	Margaux(Labarde)
	Château d'Armailhac(다르마이약)	Pauillac
	Château du Tertre(뒤 떼르트르)	Margaux(Arsac)
	Château Haut-Bages Libéral(오 바주 리베랄)	Pauillac
	Château Pédesclaux(뻬데스끌로)	Pauillac
	Château Belgrave(벨그라브)	Haut-Médoc(St-Laurent)
	Château Camensac(까멍싹)	Haut-Médoc(St-Laurent)
	Château Cos Labory(꼬스 라보리)	Saint-Estéphe
	Château Clerc-Milon(끄레르 밀롱)	Pauillac
	Château Croizet Bages(끄로아제 바주)	Pauillac
	Château Cantemerle(깡뜨메를르)	Haut-Médoc(Macau)

* 출처 : wine, 김준철 지음

크뤼 부르주아(Cru Bourgeois) - 서민들을 위한 실속 선택

메독 지역에서 1855년 그랑크뤼 클라쎄 등급에 들지 못한 샤 또들을 분류하기 위해 사용되기 시작했다. 그랑크뤼 등급에 들지 못했다고는 해도 훌륭한 와인이 많이 생산되고 있고 무엇보다도 서민들이 선택하기에 실속 있는 선택이다.

보르도 와인 고르는 요령

1. 좋아하는 포도 품종 스타일을 먼저 정한다. 진하고 클래식한 까베르네 쇼비 뇽을 좋아하면 메독 지역을, 부드럽고 원만한 맛을 내는 멜럿이나 까베르네 프랑을 좋아하면 쌩떼밀리옹이나 뽀므롤 지역을 선택하면 된다.

2. 보르도 최고 품질을 생산하는 그랑크뤼 클라쎄의 탑 등급을 서민들이 구입 하기에는 가격이 매우 부담스럽다. 따라서 낮은 등급이거나 탑 등급의 세컨 드 와인(자매품), 또는 이름이 잘 알려져 있지 않더라도 샤또에서 생산된 와 인을 고르면 실속 있게 보르도 와인을 즐길 수 있다.

잔다르크와 보르도 와인
보르도 와인 영광의 시작

1431년 5월 30일, 타락자, 배교자, 우상숭배자라고 쓰여진 모자가 잔다르크의 머리에 씌워진다. 그녀의 머리는 이미 깎였고 마녀를 상징하듯 검정 옷을 입고 있다. 성난 군중들이 잔을 향해 미친 듯이 소리를 지르고 욕설을 퍼붓는다. 잔다르크는 창백하고 지친 얼굴을 들어 하늘을 본다. 뜨거운 불길이 온몸을 타고 들어온다. 체념의 눈물이 얼굴을 타고 내린다.

"외롭고도 슬프도다. 신이시여, 내 조국 프랑스를 구하소서."

당신이 보르도 와인의 신봉자라면, 와인 한 잔을 즐길 때마다 조국 프랑스를 위기에서 구한 잔다르크에 경의를 표해야 할지도 모르겠다. 오늘날 보르도 지역이 6백년 전 영국에 넘어갈 위기를 맞은 적이 있으니 바로 백년전쟁(1337~1453)이고, 이 전쟁을 승리로 이끈 사람이 잔다르크이기 때문이다.

14세기 후반 프랑스는 오늘날 지도에서 보는 것과 달리, 한때 노르망디, 브르타뉴, 앙주, 알리에노르 등 프랑스 왕국의 절반을 영국에 넘겨줄 만큼 국력이 쇠했다. 이 지역이 오늘날 보르도를 비롯한 프랑스 서쪽지역으로, 이때부터 보르도 와인은 영국을 통해 유럽 전역으로 퍼지게 됐고 보르도는 와인의 명산지로서 그 명성을 쌓아가게 된다.

영국은 강을 끼고 있는 보르도 지역의 이점을 살려 전 유럽으로 와인을 공급시킨 1등 공신이었다. 영국 덕분에 와인 거래가 활발해지자 보르도 사람들뿐 아니라 부르고뉴 지역 와인산업 종사자들까지 프랑스보다는 영국인들과 거래를 하고 싶어했고, 이는 급기야 백년전쟁으로 치닫게 되는 계기가 됐다.

이들 두 지역 사람들은 심지어 전쟁 중에도 조국인 프랑스가 아니라 영국편을 들었고, 이는 결국 잔다르크의 죽음을 불렀다. 1430년 5월 콩피에뉴 전투에서 잔다르크는 급기야 영국군 및 영국에 협력하는 부르고뉴 군사에 붙잡혀 영국군에서 넘겨지고, 1431년 마녀로 낙인 찍혀 이단선고를 받고 루앙에서 화형을 당한다.

잔다르크는 로렌과 상파뉴 사이에 있는 동라미렐퓌셀의 독실한 그리스도교 가정에서 태어났다. 1429년 프랑스를 구하라는 신의 음성을 듣고 고향을 떠나, 루아르 강변의 시농성에 있는 황태자 샤를을 방문 후 영국군의 포위 속에 있던 오를레앙을 해방시킨다. 그녀는 흰 갑주에 흰옷을 입고 항상 선두에 서서 지휘한 걸로 알려지고 있다.

백년전쟁 이후, 프랑스는 절대왕정 시대로 접어들고 여러 지역으로 분할돼 있던 프랑스를 합방, 유럽 최고의 국가를 이루면서 르네상스 시대를 맞는다. 이 즈음 루이 11세가 즉위하면서 와인산업은 더 발전하게 된다.

1720년대부터 제병공업의 발달로 보관이 용이해지자 와인은 세계로 퍼지게 되고, 이때부터 경제적인 여유를 찾게 된 보르도의 샤또들은 호화스런 건축물을 지으면서 전성기를 맞는다.

역사에 있어서 '가정'은 있을 수 없다. 그러나 만약 잔다르크가 조국 프랑스를 백년전쟁으로부터 구하지 못하고 영국이 승리했다면 오늘날 세계 최고 와인 산지로서의 보르도의 영광이 가능했을까?

물론 영국이 프랑스 와인의 보급에 상당한 공헌을 한 게 사실이지만, 프랑스였기 때문에 오늘날의 와인산업을 굳건히 지켜왔다는 생각은 지나친 억측일까?

그러니 보르도 와인을 사랑하는 당신이여, 당신의 미각과 영혼을 풍요롭게 하는 와인을 마실 때마다 지독한 외로움과 슬픔 속에서 화형장의 이슬로 사라져간 그녀, 잔다르크의 눈물을 기억할 일이다.

Daily Sips

구분	생산국	이름	품종	생산지	빈티지	생산자	알코올 도수	용량	소비자 가격
	프랑스	무통까데메독	까베르네 소비뇽 55% 메를로 38% 까베르네 프랑 7%	메독	2002	Baron Philippe de Roth Schild	12.50%	750ml	50,000
	프랑스	미쉘린치레드	까베르네 쇼비뇽 65% 멜롯 35%	보르도	2001	Michel Lynch	12%	750ml	26,000
	프랑스	지네스테 셀렉션 까베르네 쇼비뇽	까베르네 쏘비뇽 100%	랑그독 루시용	2005	Ginestet	12.50%	750ml	15,000
	미국	로버트 몬다비 프라이빗 셀렉션	까베르네 쇼비뇽 86% 멜롯 9% 까베르네 프랑 5%	코스탈	2003	Robert Mondavi	13%	750ml	38,000
	미국	빈트너스 리저브	까베르네 소비뇽 87% 메를로 10% 까베르네 프랑 3%	캘리포니아	2003	Kendall Jackson	13.50%	750ml	50,000
	미국	투바인스 까베르네 쇼비뇽, 콜롬비아 크레스트	까베르네 쏘비뇽 100%	콜롬비아 밸리	2003	Columbia Crest Winery		750ml	19,000
	미국	터닝 리프 까베르네 쇼비뇽	까베르네 쏘비뇽 100%	캘리포니아	2003	E&J Gallo	14.00%	750ml	15,000
	호주	엘로우 라벨 까베르네 쇼비뇽	까베르네 쏘비뇽 100%	바로사 밸리	2004	Wolf Blass		750ml	41,000
	호주	윈담 에스테이트 빈 444 까베르네 쇼비뇽	까베르네 쏘비뇽 100%		2003	Orlando Wyndham	13.20%	750ml	30,000
	호주	제이콥스 크릭 쉬라즈 까베르네 쇼비뇽	까베르네 쇼비뇽 / 쉬라즈	바로사 밸리	2004	Orlando Wyndham	14.10%	750ml	20,000

● Wine List

구분	생산국	이름	품종	생산지	빈티지	생산자	알코올 도수	용량	소비자 가격
	칠레	프론테라 까베르네 쇼비뇽	까베르네 쇼비뇽 85% 메를로 15%	샌트럴 밸리	2005	CONCHA Y TORO	3%	750ml	15,000
	칠레	몬테스 까베르네 쇼비뇽	까베르네 쇼비뇽 100%	콜차쿠아 밸리	2003	Montes	13.50%	750ml	19,000
	칠레	35 사우스 까베르네 쇼비뇽	까베르네 쇼비뇽 100%	샌트럴 밸리	2005	San Pedro	13.50%	750ml	23,000
	칠레	까시제로 델 디아블로	까베르네 쇼비뇽 100%	마이포밸리	2004	Vina Concha y Toro		750ml	20,500
	칠레	마르께스 까베르네 쇼비뇽	까베르네 쇼비뇽 100%	마이포밸리	2004	Vina Concha y Toro		750ml	41,000
	칠레	에스쿠도 로호	까베르네 쇼비뇽 70% 까베르네 프랑 10% 까르메네르 20%	마이포밸리	2003	Baron Philippe de Rothschild		750ml	37,000
	프랑스	샤또 뒤포르 비벙	까베르네 쏘비뇽 65% 멜럿 20% 까베르네 프랑 15%	마고	2002	Ch. Durfort-Viven	13%	750ml	140,000
	프랑스	샤또 달보	까베르넷 쇼비뇽 66% 멜럿 26% 쁘띠 베르도 5% 까베르넷 프랑 3%	생 줄리앙	2002	Ch. Talbot	12%	750ml	130,000
	칠레	몬테스 알파 M	카버네 소비뇽 80% 멜럿 10% 카베르네 프랑 10%	콜차쿠아 밸리	2003	Montes		750ml	155,000
	칠레	돈 멜초르	까베르네쇼비뇽 93% 까베르네프랑 7%	마이포밸리		Vina Concha y Toro		750ml	155,000

Daily Sips

Special Sips

Special Sips

구분	생산국	이름	품종	생산지	빈티지	생산자	알코올 도수	용량	소비자 가격
	칠레	까발로 로코 No.7	까베르네 쇼비뇽 멜럿 까베르네 프랑 말벡	샌트럴 밸리		Valdivieso		750ml	110,000
	미국	아르미테스 까베르네 쇼비뇽	카버네 소비뇽 91.6% 멜럿 8.4%	나파밸리	2002	Stag's Leap Wine Cellars		750ml	99,000
	미국	그랑 리저브 까베르네 쇼비뇽	까베르네 쇼비뇽 99% 까베르네 프랑 1%		2003	Kendall Jackson	14.50%	750ml	100,000
	미국	로버트 몬다비, 오크빌 까베르네 쇼비뇽	까베르네 쇼비뇽 77% / 까 베르네 프랑 13% / 멜럿 9% / 말벡 1%		1999	Oakville District	14%	750ml	114,000

休

지금 당신에게
필요한 한 단어

경북 안동의 한 응급의학과 과장이 '화병'에 관한 독특한 칼럼을 썼다. 안동 병원에 근무하는 동안 특이한 현상을 발견했는데, 안동지역이 다른 지역에 비해 가정 폭력은 적은 대신 화병 환자가 많더라는 것이다. 경북 안동이 어디인가? 21세기 최첨단 시대에도 유교적 전통을 고수하는 곳 아닌가. 예의와 질서를 존중하는 사회분위기로 가정 폭력이 적었던 반면, 속병을 앓는 사람이 더 많았다는 사실이 아이러니가 아닐 수 없다.

스트레스는 세계 어느 곳을 가더라도 만국 공통이지만, 화병은 우리나라에만 있는 독특한 문화정신병이다. 오죽하면 미국 정신의학회와 세계보건기구의 질병 색인에까지 한국인만의 유일한 질병으로 등록될 지경일까. 무려 한국인의 4%가 화병을 앓고 있고 중년 이후, 특히 여성에 압도적으로 많다. 그러나 스트레스를 지속적으로 받는 수험생이나 사춘기 이후 성인이라면 누구나 다 걸릴 수 있다. 화병은 지속적인 분노 억압 상태에 놓이는 환경일수록 잘 걸린다.

스트레스가 각종 성인병, 만병의 원인이라는 얘기는 이제 지겹다 못해 상투적으로 들릴 지경이다. 스트레스가 넘치는 사회이다 보니, 스트레스를 줄이는 각종 비법들도 쏟아진다. 들어보면 다 맞는 말이지만, 내가 처한 일상과는 왠지 멀게 느껴진다. 언론에 소개된 '스트레스 줄이는 82가지 방법'을 두고 한 네티즌이 재치만점 댓글을 달아 놓았다.

01_ 노트에 적기

문자는 감정을 객관화시킨다. 느끼는 감정을 글로 옮기는 것만으로도 그 감정에 대한 통제력을 얻게 된다. → OK. 블로그에 한다. 하고 나서 (약간) 반성하고 그대로. 평가나 판단은 바뀌지 않는다. 통제력 부분은 맞는 말이다.

02_ 소리 내어 운다

울음은 스트레스에 대항하는 타고난 방어기제다. 절망적인 생각이 들면 소리를 내어 펑펑 운다. → 이제 하기 싫다.

03_ 슬픈 음악이나 영화

슬픈 음악을 듣거나 눈물이 쏟아지는 슬픈 영화를 보면 감정의 카타르시스를 경험하게 된다. → 시간 없다. 구하려고 스트레스 받는다.

04_ 섹스

스트레스를 줄이는 베타엔도르핀의 분비를 촉진하며 오르가즘은 긴장감을 풀어준다. 대상이 없을 땐 상상 섹스도 도움이 된다. → C

05_ 추억에 잠기기

좋은 기억을 머릿속에 떠올리면 당시의 행복한 기분이 현재까지 연결된다. → 헛소리. 이런 거 할 여유가 있는 놈은 스트레스에 잠겨 있는 인간이 아니다.

06_ 3~5분간 천천히 심호흡

맥박과 호흡은 감소하고 긴장을 풀어주는 뇌의 알파파(波)는 증가한다. → 자리에 앉아서 실행하기에 괜찮다.

07_ 10~15분의 명상

산소 소모율은 적어지고 뇌파 중 알파파가 증대된다. → 어디서? 집에 가서? 따로 챙겨서 해야 하는 것 좀 시키지 마라.

08_ 따뜻한 목욕

근육 및 신경이완에 도움을 주고 부교감 신경계를 촉진시킨다. → 욕조가 없다. 욕조가 있느냐 없느냐는 이 효과를 천 배나 차이나게 만든다.

09_ 삼림욕

삼림이나 폭포 주변의 공기에 많이 포함돼 있는 음이온은 부교감신경을 일깨워 기분을 편안하게 만들어준다. → 어디서?!

10_ 애완동물을 쓰다듬는다

스트레스를 느꼈을 때 동물을 쓰다듬으면 혈압이 내려간다. 애완 동물이 없으면 푹신한 인형으로 대용 가능하다. → 혼자 사는데, 어떻게 키워! 도롱뇽이라도 키울까?

11_ 친구와 이야기하기

마음 맞는 친구에게 스트레스 상황에 관해 얘기하거나, 아예 문제와 상관없는 딴 얘기를 한다. → 적당히 해라. 스트레스 상황에 대해서 계속 얘기하면 친구 사이 멀어진다.

12_ 애완견과 대화

속 털어놓을 친구가 없을 땐 강아지에게라도 말을 한다. → 혼자 강아지 키울 자신이 없으므로, 난 두루마리 휴지한테 말한다.

13_ 우유 한 잔

잠자기 전 따뜻한 우유 한 잔은 수면을 촉진하는 멜라토닌 호르몬을 분비시켜 편안한 휴식을 준다. → 살찐다. 똥보를 미인으로 여기는 부족에서 오두막에 가둬놓고 고구마와 우유 먹인다는 얘기 못 들어봤나?

대중을 상대로 한 글이 아니므로 개인적이고 조금은 자조적이다. 그러나 꽤 공감가는 대목도 많다.

개인적으로 위 방법 중 즐겨하는 스트레스 해소법은 글쓰기와 목욕, 삼림욕이다.

지금은 요원한 일이 됐지만, 예전에 거품목욕을 즐겨하던 때가 있었다. 5년 전 유학 시절 일주일에 한 번씩 치러야 하는 시험으로 상당한 스트레스와 불면증에 시달렸었는데, 시험 끝나는 날이면 항상 하던 것이 거품목욕이었다. 거기에 아로마향이 나는 초 몇 개와 한 잔의 와인은 힘들고 지친 심신을 쉬게 하는 데 그만이었다. 같이 살던 룸메이트는 브라질인이었는데 정기적으로 섹스를 하지 않으면 히스테리적 증상을 보여 내 스트레스 지수를 더 올리곤 했다. 그녀는 괴성 지르며 펑펑 울기, 파트너 갈아가면서 섹스하기, 거품목욕하면서 음악듣기로 스트레스를 풀었다.

지금도 많이 지쳤다고 생각되는 날이면 거품목욕을 하며 한잔 하던 그때가 그리워진다. 욕조가 없다면? 샤워 후 마시는 와인 한 잔의 위력을 과소평가하지 말 것. 하루의 스트레스가 말끔히 사라지고 진정한 休가 도래할 것이다.

살짝 도는 단맛이 일품, 리슬링

알코올 도수가 낮아 부담이 적으면서도 살짝 도는 단맛이 일품인 리슬링이 첫 번째 추천 와인이다. 리슬링이 주는 풍부한 과일 향과 산도는 지쳤던 심신을 단번에 상쾌하게 해준다. 별로 비싸지 않은 스파클링 와인도 괜찮다. 목욕 후 오는 목마름도 해결해 주고 스파클링이 주는 청량감이 기분을 업 시켜준다. 리슬링과 스파클링 와인 모두 냉장고에 넣어두었다가 차갑게 해서 마셔야 제 맛을 느낄 수 있다.

숙면을 취하고 싶다면 레드 와인도 추천할 만하다. 레드 와인에는 멜라토닌이라는 수면을 유도하는 물질이 들어 있어 숙면을 도와주기도 한다. 실험에 의하면 한 잔의 와인은 긴장도를 35%까지 감소시켜 준다. 포도 품종별로는 피노 누아로 만든 와인이 다른 것보다 진정 작용이 강력하다.

리슬링(Riesling)
-게부르츠트라미네르(Gewurztraminer)

꽃무늬 프린트 캐주얼룩 : 날아갈 듯 가슴 설레는 초봄의 유혹

독일 최고의 화이트 와인 품종으로 추위를 잘 견디기 때문에 서늘한 기후를 갖고 있는 나라에서 많이 재배한다.

독일의 리슬링과 프랑스 알자스 리슬링은 같은 품종이나 발효 방법이 달라 다른 맛을 선사한다. 독일산(8~9%)은 알자스산 (11~12%)보다 알코올 도수가 낮은 편이다. 독일은 발효를 시킬 때 당분을 남겨 두어 스위트 와인으로 만들지만, 알자스는 전부 발효시켜 드라이한 스타일로 만들기 때문이다. 이 차이로 인해 독일산은 부드럽고 스위트하며, 알자스산은 드라이하고 힘이 있는 편이다.

리슬링과 게부르츠트라미네르는 다른 화이트 품종에 비해 향이 강한 품종이다. 꽃, 과일향이 풍부하고 게부르츠트라미네르는 독특하게도 알싸하고 쌉싸름한 아로마를 갖고 있다. 차이를 비교하자면, 리슬링은 드라이부터 약간 스위트한 맛까지 있고 라이트 바디인 반면, 게부르츠트라미네르는 미디엄 바디이고 부드러운 산도를 갖고 있는 편이다.

독일 모젤 자아르 루버Mosel-Saar-Ruwer, 라인가우Rheingau, 라인하센Theinhessen 등이 대표적 산지이며, 프랑스 알자스Alsace, 오스트리아, 호주 등지에서 재배된다.

트림바흐 리슬링
프랑스 알자스산

· Aroma : 리슬링 – 복숭아, 배, 오렌지, 파인애플, 파파야 등의 과일향과 미네랄
· **게브르츠트라미네르** – 스파이시, 화이트 페퍼, 정향(치과냄새와 비슷)

· Dry~Slight Sweet : 알자스 와인은 드라이한 반면, 독일, 호주산 등은 드라이부터 스위트한 타입까지 있다.

· Crisp or Smooth : 리슬링은 높은 산도를 갖고 있어 산뜻하게 느껴지나, 게부르츠트라미네르는 상대적으로 낮은 산도를 갖고 있어 부드럽게 느껴진다.

· Light ~ Medium–bodied : 리슬링은 가벼운 라이트 바디, 게부르츠트라미네르는 리슬링보다 묵직한 미디엄 바디.

독일 와인 라벨과 등급의 이해

독일은 포도를 재배할 수 있는 지역 중 가장 북쪽에 위치해 있는 나라다. 때문에 여름이 짧고 일조량이 부족한 편이다. 생산되는 대부분의 와인은 화이트이며, 질이 우수하기 때문에 어느 것을 선택해도 손색이 없다.

라벨 읽기의 난이도를 따지자면 영어에 이어 두 번째로 쉬운 나라가 독일이다. 프랑스가 포도밭을 위주로 등급을 정해 놓은 반면, 독일은 수확시 포도 당도를 기준으로 정해놨다. 이 때문에 당도를 나타내는 몇 가지 용어만 알아두면 어느 나라 와인보다도 편하게 이해할 수 있다. 2000년부터는 드라이한 와인에 대해서도 등급을 새로 제정, 표기하고 있다.

- **생산자 이름**: Weingut로 영어의 Winery에 해당한다.

- **포도 품종**: 대표 품종인 리슬링 포함, 게부르츠트라미네르, 뮬러 투르가우 등의 이름이 씌여 있다.

- **포도밭**: 고급 와인을 생산하는 유명 포도밭일 경우 가장 작은 단위의 ① 포도밭 명칭만을, 그렇지 않을 경우 ② 지구(대표지구–모젤, 라인가우, 라인헤센) 이름이나, ③ 마을 이름과 포도밭 이름이 적혀 있다. ① 은 모젤 지구에서는 Scharzhofberg(샤르쯔호프베어그), 라인가우에서는 Steinberg(슈타인베어그), Schloss Rheichhartshausen(슐로스 라이히하르츠하우젠), Schloss Vollrads(슐로츠 폴라츠), Schloss Johannisberg(슐로스 요하니스베어그) 등이 있다.

- **등급**
  · QMA: 실속형 등급으로 독일 내 13개 지역에서 생산되는 와인이다. 위 등급인 QMP 와인에 비해 가격이 저렴하고 좀 더 대중적이다.
  · QMP(Qualitätswein mit Prädikat, 크발리테츠 바인 미트 프레디카트), 가장 고급 와인에 적용하는 등급으로 독일 내 40개 지구 내에서 생산되는 것에 한한다.

❶ Kaninett(카비넷) : 가장 일찍 수확된 포도로 만든 와인으로 가볍고 약간 스위트하다.

❷ Spätlese(슈페트레제) : 늦게 수확한 와인이란 뜻으로 카비넷보다 더 익은 포도로 만든다. 카비넷보다 당도가 더 높고 바디감이 더 있다.

❸ Auslese(아우스레제) : 매우 늦게 수확해 만든 와인이며 일반적으로는 매우 스위트하지만 드라이한 스타일도 있다.

❹ Beerenauslese(베렌아우스레제)/Trokenbeerenauslese(트로켄베렌아우스레제) : 보트리티스 곰팡이(귀부현상)의 영향으로 당도가 높아진 포도만을 선택적으로 수확해 만든 와인. 당도가 높으며 가격이 비싸다.

❺ Icewein(아이스바인) : 겨울까지 기다린 다음 포도를 얼린 후 얼어 있는 상태에서 압착해 만든 와인. 귀부의 영향을 받지 않도록 두다가 서리와 눈을 맞히고 수확한다. 귀부로 만든 베렌아우스레제나 트로켄아우스레제와는 달리 산도가 높아 다른 맛을 낸다.

드라이 와인의 등급

2000년부터 드라이 와인에 적용하기 시작한 등급. 독일산 드라이 와인을 원한다면 라벨에서 Classic(클라식)이나 Selection(셀렉션)을 찾으면 된다. Classic보다는 Selection이 더 고급와인에 속하고 더 드라이하다. 이 등급이 제정되기 전에 생산된 와인은 라벨에서 Troken(트로켄-dry), Halbtroken(할프트로켄-off-dry)을 통해 확인할 수 있다.

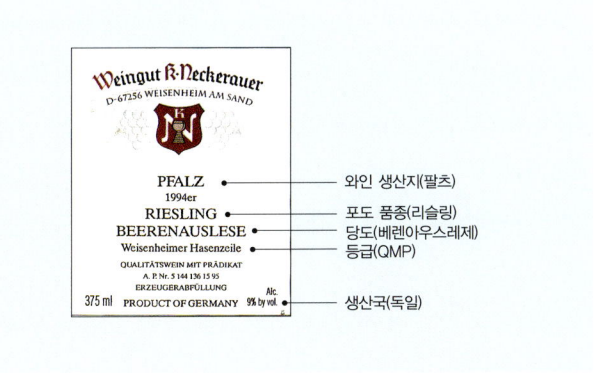

와인 애호가들에게 있어 코르크는 산화를 막는 기능 이상의 의미가 있다. 와인병을 수집하면 공간을 많이 차지하고, 밖에서 와인을 마시는 경우라면 들고오기도 번거롭다. 반면, 코르크는 작고 가벼워 수집하기에 안성맞춤이고, 어쩌다 인테리어용으로 장식하기에도 멋스럽다.

그러나 무엇보다 코르크를 쉽게 버리지 못하는 가장 큰 이유는 코르크에 '지난 기억' 들이 담겨 있기 때문이 아닐까. 수십 개에 이르는 코르크들을 바라보고 있노라면, 함께했던 소중한 사람들에 대한 추억이 마치 오래된 사진첩을 보는 것처럼 떠오른다. 고등학교 친구들과 함께 마셨던 베린저 로제, 유학 가 있는 친구가 귀국하면서 사준 뽀므롤, 호주 와인 애호가와 함께 마셨던 펜폴즈, 사진 선생님과 새 렌즈 구입기념으로 마셨던 라퐁 로쉐 등 각각의 코르크에는 나만이 알아볼 수 있는 추억 코드가 새겨져 있다. 그러나 이런 낭만적인 추억을 안겨다 주는 코르크도 스크류 캡이 등장하면서 새로운 국면을 맞고 있다.

코르크는 유구한 역사를 가진 포도주의 오랜 동반자다. 고대 그리스, 로마 시대부터 와인을 밀봉하는 데 사용됐다는 기록이 있지만, 17세기 포르투갈에서 최초로 사용했다는 주장도 있다. 어쨌거나 코르크의 최대 수출국은 포르투갈로 세계 코르크의 50%

를 공급하고 있다. 참나무과의 코르크나무는 40년 이상이 돼야 비로소 코르크로 사용될 수 있다.

코르크는 연하고 탄력성이 좋은 것이 특징인데, 속을 들여다보면 마치 벌집처럼 생긴, 비어 있는 육방형의 방이 수천만 개 들어 있다. 공기가 대부분의 방을 차지하고 있는 셈이다. 그러나 나무결이 일정치 않고 표면에 작은 구멍이 많아서 곰팡이와 미생물이 침투, 와인 맛을 변질시키기도 한다. 코르크에 의해 변질된 와인을 '코르크화 됐다'고 표현하는데, 이렇게 변질된 와인은 고유의 아로마가 없어지고 젖은 종이나 곰팡이 냄새가 난다. 확률적으로 보면 전체의 5% 정도가 코르크에 의해 변질된다 하니 생산자 입장에서는 골칫거리다.

이런 문제들을 해결하기 위해 등장한 것이 스크류 캡이다. 전문가들은 스크류 캡을 사용한 화이트 와인이 코르크보다 더 생기 있고 아로마가 풍부하며, 레드의 경우도 풍부한 과일향과 상큼한 산도를 갖고 있다는 의견을 내놓고 있다. 그런가 하면 다른 일부에서는 스크류 캡 역시 화학적 부작용 우려가 있다고 보고 있어 여전히 논란이 분분하다.

또 다른 문제는 스크류 캡은 코르크처럼 와인을 변질시키지 않기 때문에 생산자 입장에서는 경제적인 반면, 소비자들의 반응이 그다지 호의적이지만은 않다는 것이다. 코르크에 익숙한 소비자들의 인식을 바꾸기가 쉽지 않기 때문이다. 때문에 현재 스크류 캡은 화이트 와인과 신세계에서 일부 사용되고 있다.

비록 여전히 논란 중이라고는 해도 스크류 캡 사용은 특히 영 와인과 화이트 와인을 중심으로 더 확산될 것으로 보인다.

스크류 캡으로 된 와인을 구태여 거부할 생각은 없다. 그러나 어쩐지 와인에조차 점점 아날로그적 감수성을 기대하기 어려워지는 건 아닐까 싶은 아쉬움은 버릴 수 없을 듯하다.

● Wine List

구분	생산국	이름	품종	생산지	빈티지	생산자	알코올 도수	용량	소비자 가격
	독일	블랙타워 리슬링	리슬링 100%	팔츠	2005	Kendermann	12%	750ml	15,000
	독일	모레나 립프라우밀히	리슬링 100%	팔츠	2004	Mo-Rhe-Na	6,50%	750ml	20,000
	독일	리슬링	리슬링 100%	모젤	2005	Dr.Loosen		750ml	28,000
	독일	디바 리슬링 슈페트레제	리슬링 100%	라인헤센	2005	Gunderloch	10%	750ml	59,400
	독일	윈디시 리슬링 슈페트레제	리슬링 100%	라인헤센	2004	Windisch		750ml	23,000
	프랑스	리슬링	리슬링 100%	알자스	2004	Trimbach	12%	750ml	43,000
	프랑스	리슬링	리슬링 100%	알자스	2004	Hugel & Fils		750ml	33,000
	프랑스	게부르츠트라미네르	게부르츠트라미네르 100%	알자스	2004	Phaffenheim	13%	750ml	36,000
	뉴질랜드	프라이빗 빈 리슬링	리슬링 100%	말보로	2005	Villa Maria	12,50%	750ml	33,000
	뉴질랜드	프라이빗 빈 게부르츠 트라미네르	게부르츠트라미네르 100%	말보로	2005	Villa Maria	13,50%	750ml	45,000

음식 맛에 따라
어떤 와인이 좋을까?

와인은 그 자체만으로도 훌륭한 즐거움이지만, 무엇보다도 음식과 함께할 때 최상의 조화를 이룬다. 와인이 서양 음식과 더 잘 어울리는 측면이 있는 게 사실이나, 우리 음식과 잘 어울리는 와인도 분명히 있다. 서양 음식이냐 우리 음식이냐에 앞서 와인과 음식에는 몇 가지 어울림의 공식이 있다. 음식 하나하나와 어울리는 와인을 기억하기보다는 전체적인 맥락을 이해하면, 어떤 음식이 나오더라도 어울리는 와인을 고를 수 있다.

고기 요리와 레드 와인, 생선 요리와 화이트 와인이라는 기본 공식은 여전히 유효하다. 화이트 와인의 산미가 생선 맛과 조화를 이루고, 고기의 단백질은 레드 와인의 태닌,을 부드럽게 하기 때문이다. 또 하나의 '절대 실패하지 않는 공식'은 음식으로는 로스트 치킨이 어떤 스타일의 와인과도 무난하게 잘 어울리고, 와인 종류로는 피노 누아가 어떤 요리 종류와도 무난하다.

그러나 스테이크와 샤르도네를 매치했다고 해서 틀렸다고 말할 수 있는 사람은 없다. 오히려 상식을 깨는 재미를 맛볼 수 있기 때문이다. 와인과 음식 매치의 공식은 각자의 입맛이 다른 만큼 불변의 공식이 없다.

음식 맛과 와인의 궁합

1. 매운맛

살짝 단맛이 나거나 아삭하게 산도가 높은 와인이 매운맛을 가라앉히면서도, 음식 고유의 매운맛을 압도하지 않는다. 화이트, 레드 모두 오크 숙성된 와인은 제외. 화이트는 스파클링 와인, 레드는 보졸레처럼 진하지 않은 것이 어울린다. 인도 커리나 태국 음식처럼 매우면서도 향이 강한 음식은 향이 강한 와인을 매치한다. 화이트는 게부르츠 트라미네르나 쇼비뇽 블랑, 레드는 도수가 높지 않은 시라 등이 어울린다.

2. 상큼한 맛

상큼한 음식과는 산도 높은 와인이 궁합이 맞는다. 상큼한 맛이 강한 음식에 산도가 낮은 와인을 매치하면 음식 때문에 와인 맛이 압도 당하기 때문이다. 레드는 산도가 높은 산지오베제, 화이트는 쇼비뇽 블랑 등이 어울린다.

3. 걸죽한(묵직한) 맛

소스요리 등 입안에서 느끼는 음식 맛이 무거울 경우 와인도 묵직한 것을 매치한다. 레드는 까베르네 쇼비뇽, 진판델, 말벡, 화이트는 풀바디 샤르도네 등이 좋은 매치다.

4. 짭짤한 맛

산도가 높은 스파클링 와인은 소금 간한 생선구이나 훈제요리 등의 짭짤한 맛을 줄여 주면서 입안을 경쾌하게 한다. 샴페인이나 스파클링 와인과 잘 어울린다.

5. 단맛

단맛을 내는 요리에는 스위트 와인을 매치한다. 음식은 단맛인데 와인이 그렇지 않으면 서로 조화를 이루지 못하고 평이해진다.

Wine café

구 분	음식 종류	와인 종류		
		화이트 & 샴페인	핑 크	레 드
한국 대표음식	김치찌개	리슬링/게부르츠트라미네르	로제/스파클링 와인	보졸레/피노 누아
	된장찌개(청국장)	샤르도네		
	삼겹살			피노 누아/시라
	낙지볶음	리슬링/게부르츠트라미네르	로제/스파클링 와인	보졸레/피노 누아
	비빔밥	리슬링		멜럿
	라면	게부르츠트라미네르	스파클링 와인	
	생선회	쇼비뇽 블랑		
	양념갈비	샤르도네		까베르네 쇼비뇽/말벡
	탕수육	모스카토 다스티/슈페트레제 리슬링		
	고추잡채 등 기름기 많은 중식			산지오베제
고기 & 생선	스테이크			까베르네 쇼비뇽/쉬라즈/말벡
	돼지고기(수육)	샤르도네		보졸레/멜럿
	돼지고기(양념)			피노 누아/시라
	닭고기(백숙)	샤르도네		
	닭고기(매운양념)	리슬링/게부르츠트라미네르	로제/스파클링 와인	보졸레/피노 누아
	양고기			까베르네 쇼비뇽/시라/쉬라즈
	훈제연어	샴페인/스파클링 와인		
파스타	화이트크림소스	샤르도네		
	토마토소스	산지오베제		
치 즈	Soft 치즈(브리, 까망베르)	샤르도네		피노 누아
	Semi-hard 치즈(체다/고우다)			멜럿/시라
	Hard 치즈(파마산)			까베르네 쇼비뇽/네비올로/진판델
	Blue 치즈(로끄포르)			세미용
피자/햄버거	야채피자	쇼비뇽 블랑		
	치즈피자	산지오베제		
	고기피자(페페로니 등)	시라/쉬라즈		
	햄버거		로제	보졸레/피노 누아

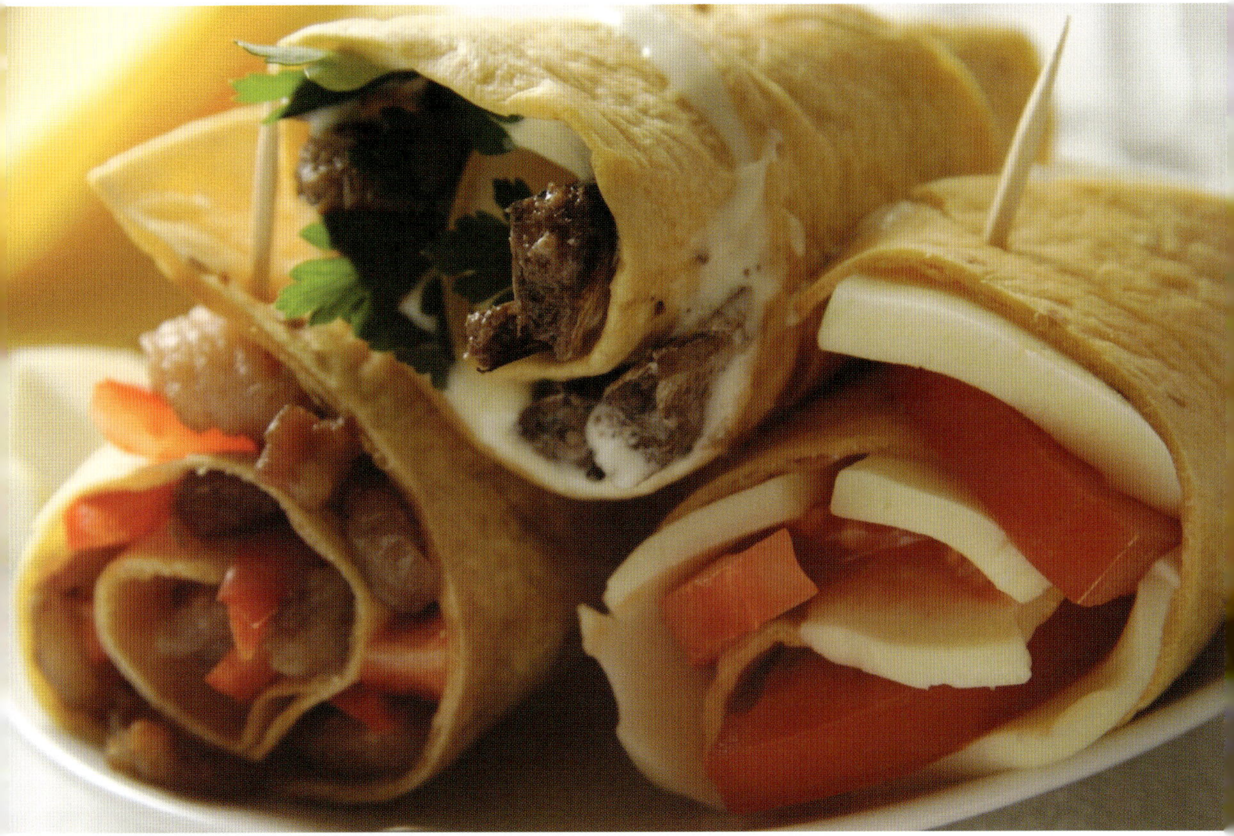

Part _02

함께라서
더욱 좋다

가장 기쁜 순간과 가장 순간을 사랑하는 사람과 같이
하고 싶은 여자들이여, 모든 난제들을 완벽하게 대신
할 수 있는 '절대 실패하지 않는 전략'을 추천한다.

부를 때마다 내 가슴에
별이 되는 이름

부를 때마다

내 가슴에서 별이 되는 이름

존재 자체로

내게 기쁨을 주는 친구야

오늘은 산숲의 아침 향기를 뿜어내며

뚜벅뚜벅 걸어와서

내 안에 한 그루 나무로 서는

그리운 친구야

– 이해인 –

남산, 홍대, 광화문은 서울 사는 내가 가장 사랑하는 보물이다. 봄꽃 필 때는 봄내음
을, 은행잎이 떨어지는 가을에는 고즈넉한 운치를 선사하는 남산은 때맞춰 드라이브하

기 딱 좋은 곳이다. 홍대는 여타 다른 대학과 별반 다를 바 없는 대학가이지만, 미대생들이 그린 벽화를 보는 맛이며, 길가에 벼룩시장 같이 늘어서 있는 액세서리를 구경하는 맛, 음악을 몰라도 인디밴드며 재주 연주 등을 만날 수 있어 내게 언제나 활력을 주는 곳이다. 그런가 하면 광화문은 가슴 답답할 때 자주 찾는 곳인데 넓게 뚫린 12차선 도로를 보는 순간 답답했던 마음이 이내 시원하게 뚫린다.

세 곳이 서로 딱히 닮은 점도 없고, 서울에 이보다 더 아름다운 곳이 없으랴 싶게 지극히 주관적인 해석이지만, 묘하게도 이 세 곳은 같은 의미로 다가오는 내 친구들을 닮아 있다.

인터넷 세상이 되면서 친구 찾기가 쉬워졌다. 몇 년 전에는 아이러브스쿨이라는 웹사이트가 생겨서 수많은 화제를 뿌리기도 했고, 이제는 좀 시들해졌다고는 해도 싸이월드 역시 여전히 건재하며 그 맥을 잇고 있다. TV에서도 친구 찾기가 한창이다. 프렌즈라는 프로그램을 볼 때마다 나도 그 프로그램에 나가서 이제는 연락이 안 되는 어린 시절 친구들을 찾는 상상을 하곤 했다.

날 언제나 유쾌하게 만들어주던 친구, 서운한 소리도 곧잘 해주는 냉철한 친구, 언제나 끝까지 내편을 들어주던 친구, 아플 때는 젤 먼저 챙겨주며 안부를 물어주던 친구. 내 삶의 구석구석에서 삶의 일부가 됐던 그 친구들 모두 어디서 어떻게 살아가고 있을까?

아이러브스쿨도, 싸이월드도 내 관심과 일상이 되지 못해 예상치 못한 친구들을 만나는 '이변'에 한번도 적극적이지 못했지만 가끔은 어린 시절 친구들이 몹시 궁금하다.

그러나 불행하게도 잃어버린 친구는 고사하고 있는 친구도 제대로 만나기 어려운 게 지금의 내 현실이다. 30대 중반을 관통하면서부터는 그나마 주위 친구들이 결혼, 출산과 육아 세계로 들어가 마치 우리 사이에 장벽이라도 생긴 것처럼 여간 서운한 게 아니다.

저녁을 먹고 나면 허물없이 찾아가

차 한잔을 마시고 싶다고

말할 수 있는 친구가 있었으면 좋겠다.

입은 옷을 갈아 입지 않고 김치냄새가 좀 나더라도

흉보지 않을 친구가

우리집 가까이에 있었으면 좋겠다.

비오는 오후나 눈 내리는 밤에 고무신을 끌고 찾아가도 좋을 친구.

밤늦도록 공허한 마음도 마음 놓고 풀 수 있고,

악의 없이 남의 이야기를 주고받고 나서도 말이 날까 걱정되지 않는 친구가…….

사춘기시절 빽빽하게 열심히 써서 책갈피에 지니고 다녔던 '지란지교를 꿈꾸며'라는 글이 새삼스레 떠오른다. 나는 내 친구들에게 어떤 이로 기억되고 있을까? 나는 과연 허물없이 찾아가도 좋을, 비 오는 오후나 눈 내리는 밤에 찾고 싶은 친구로 기억될 수 있을까? 존재 자체로 기쁨이 되는 그런 이로 기억되고 싶지만, 그건 너무 큰 바람이 아닐는지.

'삶이란 나 아닌 그 누구에게 기꺼이 연탄 한 장 되는 것', 오늘따라 광화문 교보문고 외벽에 적힌 안도현의 '연탄 한 장'이라는 싯구절이 가슴에 와서 박힌다. 순간 발걸음을 멈추고 한동안 잊고 지내던 친구에게 전화를 건다. "어머, 그렇지 않아도 전화 한번 하려고 했는데" "정말이야? 정말 나한테 전화하려고 했어?" "그래, 오늘따라 이상하게

니 생각이 많이 나더라" 전화기 너머에서 들리는 경쾌한 목소리. 세상 천지에 내 맘을 알아 주고 나를 보고 싶어 하는 친구가 있다는 것만으로도 마음은 갑자기 큰 부자가 된다.

오늘은 간만에 오랜 친구를 닮은 와인을 한잔하면서 추억을 안주 삼아 밤새 이야기 꽃을 피워야겠다.

와인의 성격을 대변하는 라벨

이름이 그 사람의 성격을 대변하듯, 와인의 라벨에는 와인의 캐릭터가 고스란히 담겨 있다. 재미있고 특이한 와인 라벨과 독특한 탄생배경을 아는 것도 와인을 알아가는 큰 재미 가운데 하나다. 어울린다고 생각되는 와인을 친구에게 선물해 보자. 라벨에 얽힌 재미있는 얘기도 함께 전해준다면 감동도 더 커질 것이다.

의미 있고 주목을 끄는 와인들

남미의 정열을 품은 그녀에게 – 카르멘(Carmen)
까베르네 쇼비뇽, 칠레 라펄밸리, 드라이 레드, 20,000원

한국에서도 대중적으로 사랑받는 레드 와인. 오페라 카르멘을 연상시키듯 정열적이고 매혹적인 이름을 갖고 있는 와인. 프로모션용 포스터에는 카르멘 와인 옆에 매혹적인 여인이 항상 함께 있는 걸 볼 수 있다.

우울한 친구를 위한 선택 – 샤또 샤스 스플린(Ch. Chasse-Spleen)
까베르네 쇼비뇽, 프랑스 물리, 드라이 레드, 150,000원

샤스 스플린은 '우울함을 떨쳐버린다'는 뜻이다. 영국 시인 바이런이 이 지역 와인을 마시고 난 후 남긴 말에서 유래한 말로 전해진다.

예술성까지 겸비한 와인으로는 유명 화가의 작품을 라벨에 부착한 무똥 로칠드가 유명한데, 샤스 스플린은 최근 들어 화가의 작품 대신 유명 시인의 구절을 담고 있다. 시까지 읽을 수 있으면 좋겠지만 그게 어렵다면 멋진 이름만이라도 기억해 두면 좋을 듯.

독실한 크리스찬 친구를 위해 – 샤또 뇌프뒤빠쁘(Chateauneuf-de-Pape)

그르나슈, 시라, 무르베르드 등, 프랑스 론, 드라이 레드, 114,000원

영어로는 New Castle of the Pope라는 뜻으로서 교황의 새로운 성곽이라는 뜻이다. 14세기에 교황 클레멘트 5세가 이탈리아에서 프랑스 론 지방의 아비뇽으로 교황청을 옮긴 후, 여름 별장으로 사용하자 이 지역민들이 이를 영광스럽게 생각하고 기리기 위해 만든 이름이다.

악마처럼 유혹적인 그녀 – 까시제로 델 디아블로(Casillero del Diablo)

까베르네 쇼비뇽, 칠레 마이포 밸리, 드라이 레드, 23,000원

와인 이름을 번역하자면 '악마가 깃들어 있는 지하 저장고' 라는 뜻이다. 저장고의 와인이 점점 없어지는 것을 의아해 한 주인이 시일을 두고 지켜본 결과 일하는 사람들이 훔쳐간다는 것을 알아냈다. 그래서 일꾼들이 와인을 훔쳐갈 때마다 주인이 귀신 행세를 하며 소리를 내자 무서워서 도망갔고, 이후 이 셀러는 '악마의 셀러' 라는 이름이 붙여졌다. 재미있는 이름과는 달리 이 와인은 전 세계적으로 잘 팔리는 베스트셀링 와인이다.

무라카미 류를 좋아하는 그녀에게 – 로스 바스코스(Los Vascos)

샤르도네, 칠레 콜차쿠아 밸리, 화이트, 가격 21,000원

무라카미 류는 '와인 한잔의 진실' 에서 로스 바스코스를 '투명감이 있고 강하며, 어딘가 슬픈 와인, '쏙 들어간 가는 허리의 오목한 선과 등에서 쭉 뻗어내려 작고 예쁜 곡선을 그리는 엉덩이' 를 연상시키는 와인이라고 표현했다. 와인을 마시면서 무라카미 류의 표현을 떠올리며 음미하면 재미있을 듯.

걸출한 여장부, 혹은 여군 친구에게 – 에스쿠도 로호(Escudo Rojo)

까베르네 쇼비뇽, 까베르네 프랑, 까르므네르, 시라 등, 칠레 마이포 밸리, 드라이 레드, 40,000원

붉은 색의 방패 무늬가 인상적인 이 와인은 그랑크뤼를 생산하는 로칠드 가문의 문장을 상징한다. 에스쿠도 로호는 스페인어로 '붉은 방패' 를 뜻한다. 전통의 프랑스 명문 와인 가문이 칠레에 진출, 전통과 신기술로 탄생시킨 와인이다.

역경을 헤쳐나가고 있는 친구에게 – 뵈브 클리코(Veuve Clicquot)

샤르도네, 프랑스 샴페인, 드라이 스파클링, 68,000원

27살의 나이에 과부가 돼 평생을 샴페인 제조에 헌신한 뵈브 클리코의 이름을 기리고 있는 와인. 최고의 와인인 샴페인 제조과정에서 가장 어려운 과제 중 하나인 찌꺼기 제거방법을 획기적으로 개선한 Pupitre(뿌삐트르)를 발명, 샴페인 제조 역사에 있어서 신화 같은 존재가 됐다. 어려움에 처해 있는 친구가 있다면 이런 스토리와 함께 선물하면 어떨까?

시인, 예이츠를 좋아하는 그녀에게 – 이니스프리(Innisfree)

까베르네 쇼비뇽, 미국 캘리포니아 나파밸리, 드라이 레드, 54,000원

국내 화장품 브랜드의 이름이기도 한 이니스프리는 아일랜드 시인 겸 극작가인 윌리엄 예이츠의 대표적인 서정시 'The Lake Isle of Innisfree'에서 따온 이름이다. 라벨에는 호수 그림이 그려져 있다. 이니스프리는 예이츠의 심리적인 이상향으로 어린시절 평화로웠던 전원으로 돌아가고 싶은 대상을 상징한다. 예이츠는 1923년 노벨문학상을 수상했다.

기상천외함으로 즐거움을 주는 친구에게 – 스모킹룬(Smoking Loon)

시라, 미국 캘리포니아 몬트레이, 드라이 레드, 25,000원

눈에 띄는 주황색 레이블에 담배를 물고 있는 물새의 일종인 '아비'가 그려져 있다. 강렬한 주황색 라벨도 인상적이지만, 물새를 그려 넣은 것도 기상천외하고 거기에 담배를 물고 있는 설정도 특이하고 재미있다. 해변도시인 몬트레이에 서식하는 물새를 그려 넣은 게 아닐까 싶지만 톡톡 튀는 아이디어가 많은 친구에게 선물하면 좋을 듯하다.

기발한, 혹은 해외 유명인들이 만든 와인들

우리나라에는 없는 것들도 있지만 특이한 해외 와인들. 혹 외국 여행이나 와이너리 투어의 기회가 있다면 수집해 보는 것도 재미 있을 듯하다.

마릴린 멜럿(Marilyn Merlot)

생산자 & 지역 : 노바 와인(Nova Wines) / 캘리포니아 나파밸리
마릴린 먼로에 대한 지극한 애정으로 라벨에 그녀의 사진을 붙인 와인을 생산하고 있다. 이름과 사진 사용에 대한 저작권으로 지불된 돈은 마릴린 먼로의 의지에 따라 자선단체에 기부, 그녀의 이름을 기리고 있다.
가격 : $ 22~24

잭 런던 멜럿(Jack London Merlot)

생산자 & 지역 : 캔우드 빈야드(Kenwood Vinyards) / 캘리포니아 소노마밸리 미국 작가 잭 런던의 이름과 작품 '황야의 절규(Call of the Wild)' 이름을 따서 만든 와인. 늑대의 머리가 그려 있는 큼지막한 라벨이 인상적이다. 잭 런던은 우리나라와도 인연이 있는데, 1904년에는 《샌프란시스코 익저미너》지의 종군기자로 조선에 온 적이 있으며, 당시 YMCA의 초청으로 그의 대표작 《황야의 절규》 낭독회를 열기도 했다.
가격 : $ 20~23

포 에뮤(Four Emus) 까베르네 쇼비뇽 쉬라즈, 멜럿

생산자 & 지역 : 포 에뮤/ 호주 서부
창업자 4명을 에뮤라는 타조 비슷한 큰 새에 비유, 라벨에 그려 넣었다. 소재도 재미있지만 레드와 블루 등 원색의 컬러를 사용, 눈길을 끈다.
가격 : $ 10~12

샐몬 런(Salmon Run)
생산자 & 지역 : 콘스탄틴 프랭크(Dr. Konstantin Frank) / 뉴욕
라벨에 큼지막하게 그려져 있는 연어도 기발하거니와 '연어 달리다'는 제목도
기상천외하다. 뉴욕에 가면 한번 마셔보고 싶은 와인.
가격 : $ 13~16

코알라 블루 샤르도네
생산자 & 지역 : 코알라 블루(Koala Blue) / 호주 남부
존 트라볼타가 열연한 그리스의 'Summer Night'의 주제가를 같이 부른 주인
공, 올리비아 뉴튼존이 공동 창업자로 있는 와이너리의 와인. 그녀의 팬이라면
한번쯤 마셔볼 만하다.
가격 : $ 8~10

아놀드 파마 까베르네 쇼비뇽
생산자 & 지역 : 아놀드 파마(Arnold Palmer) / 캘리포니아
전설적인 골퍼 아놀드 파마의 이름을 딴 와인. 우리나라에서는 캐주얼의류 브
랜드로 소개된 적이 있는 추억 속의 이름이다.
가격 : $ 15~ 17

까베르네 프랑
생산자 & 지역 : 루비콘 에스테이트(Rubicon Estate) / 캘리포니아 나파밸리
영화 '대부'의 감독 프란시스 포드 코폴라 감독이 만든 와인. 캘리포니아 와이
너리 투어시 꼭 한번 들러보고 싶은 와이너리. 블랙의 병 디자인과 라벨이 세
련미가 있으면서도 강렬하다.
가격 : $ 40~45

＊출처 : The simple & savvy wine guide

와인 라벨 읽기

와인에 대한 이해의 정도는 와인 라벨 읽기에 비례한다. 사람의 이름에도 각각의 특별한 의미가 담겨 있듯이 라벨에도 수천 종류의 와인을 모두 다르게 만드는 각각의 정체성이 담겨 있다. 라벨에는 와인이 생산된 지역, 생산자, 포도 품종, 연도, 포도 양조 방식 등이 표시되어 있다. 그러나 자연에 대한 가치를 더 중요하게 생각하는 유럽이냐 상대적으로 산업적 측면이 강한 신세계이냐에 따라 조금씩 다른 방식으로 표시된다.

와인을 재배한 최초의 기록은 메소포타미아 수메르인이다. 이미 이 당시에도 진흙판에 와인의 재고, 거래 규약, 부정행위 방지법 등을 기록해 둘 정도로 중요하게 여겼고, 고대 이집트 유적 등에는 레드와 화이트를 구분하고 와인에 세금을 부과할 정도로 산업형태로 발전했었다는 걸 확인할 수 있다.

유럽 전역에 포도 재배를 퍼뜨린 나라는 이탈리아 로마인들로, 이들은 포도 품종의 분류, 재배방법, 담는 방법에 이르기까지 획기적인 발전을 이룩했고, 당시 이탈리아 식민지였던 프랑스, 스페인, 독일 남부까지 포도 재배를 유포시켰다.

가장 이상적인 포도 재배 기후는 여름이 덥고 건조하고 겨울이 춥지 않은 지중해성 기후다. 적포도는 강렬한 햇빛이 내리쬐는 지중해 연안에서 풍부한 당과 진한 색깔을 낼 수 있고, 청포도는 약간 서늘한 곳에서 자라야 적절한 신맛을 가진 훌륭한 화이트 와인

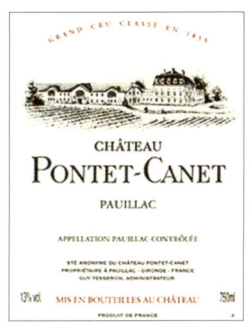

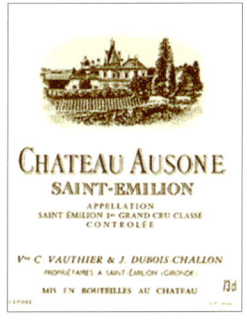

이 된다.

이러한 천혜의 조건을 갖춘 곳은 프랑스로서 북쪽 지방의 청포도와 남쪽 지방의 적포도는 와인용으로 완벽하기 때문에 세계 최고 와인이 생산된다.

이탈리아는 로마시대부터 와인을 산업화시키고 유포시켰으나, 품질면에서는 아직도 프랑스의 장벽을 넘지 못하고 있다. 이는 프랑스보다 뒤늦게 품질관리 체계를 정하고 우수 품종을 적용, 재배하는 등의 노력을 했기 때문이다.

유럽 – 떼루아 표시 방식

좋은 와인은 좋은 토양(떼루아, Terroir)과 기후 등 천혜의 조건과 우수 양조 기술을 갖출 때만이 생산되는 신의 축복이다. 어느 떼루아, 어느 해인지에 따라 와인 값이 천차만별인 것은 그만큼 와인 재배에 있어 자연이 절대적이기 때문이다. 이런 배경 탓에 유럽산 와인은 라벨에 품종보다는 떼루아를 우선적으로 표시하고 있다. 마고, 소떼른, 샹베르땅, 바롤로, 키안티 등의 유명 지역 명칭은 지역이 곧 품종이자 품질이다. 마고는 까베르네 쇼비뇽, 소떼른은 세미용, 샹베르땅은 피노 누아, 바롤로는 네비올로, 키안티는 산지오베제 식으로 지

와인 생산국(프랑스)
와인 등급 표시(그랑크뤼 클라쎄 와인)
와인 이름(브랑깡뜨낙)
A.O.C(와인 원산지 마고)

떼루아를 강조하는 유럽식 라벨

역이 품종을 대변하기 때문에 이들 와인에는 별도의 품종이 표시되어 있지 않다.

신세계 – 품종 표시 방식

그런가 하면 좋은 기후 조건을 바탕으로 우수 기술과 풍부한 자본으로 와인을 생산하는 미국, 칠레, 호주, 남아프리카 등 신세계는 떼루아보다는 품종을 전진 배치하는 방식을 쓰고 있다. 훨씬 먼저 와인을 생산하는 프랑스 등과 같은 방식은 수천 개에 이르는 지역 이름을 알고 있어야 하는 부담이 큰데 반해, 신세계 와인은 이십여 개의 포도 품종을 표시, 보다 소비자 지향적으로 접근한 것이다.

빈티지, 포도 수확년도(2002)

와인 이름(스택스립 와인 셀러)
포도 품종(샤르도네)
와인산지(나파밸리)

포도 품종을 기재하는 신세계식 라벨

실제로 이 방식이 소비자들의 큰 호응을 얻자, 일부이기는 하나 유럽산 와인들도 포도 품종을 표시하는 방식을 따르기도 한다. 우리나라에서도 숫자로 된 와인 또는 발음이 인상적이어서 쉽게 기억할 수 있는 와인들이 큰 인기를 얻는 일이 종종 발생하는데, 이 같은 현상이 주로 신세계 와인에서 많이 발견되는 것도 이와 무관치 않다.

명사들이 남긴 와인에 관한 찬사!

평생을 두고 와인을 친구처럼 생각한 명사들이 남긴 와인에 관한 찬사의 말을 들어보자.

한 병의 와인에는 세상의 어떤 책보다 더 많은 철학이 있다.
– 파스퇴르

지구는 물이 필요하다. 당신이 마시는 와인이 마실 물을 보존해 주는 것에 감사하라.
– 폴 에밀 빅토르

와인을 마시는 경우는 오직 두 가지이다. 저녁을 위한 게임이 있을 때와 게임이 없을 때이다.
– 처어칠

신사 여러분 위기와 재난에 처해 있을 때 샴페인 한잔 마시는 것이 좋습니다.
– 클로델 폴

와인은 일상의 생활을 편하게 하고, 침착하게 하고, 긴장하지 않게 하고, 인내를 준다.
– 벤자민 플랭클린

와인은 세상에서 가장 고상한 것이다.
– 헤밍웨이

와인은 현명한 사람을 기만하고, 점잖은 사람을 떠들게 만들고, 심각한 사람을 웃게 만드는 재치가 있다.
– 호메르

신은 물을 만들었지만 인간은 와인을 만들었다.
– 빅토르 위고

와인은 오랜 습관으로 나의 건강에 필수품이다.
– 토마스 제퍼슨

내 인생에서 오직 후회되는 것은 더 많은 샴페인을 마시지 않았다는 것이다.
- 케언즈

포도의 모든 포도알에는 악마가 있다.
- 코란

나는 스타를 맛보고 있다!
- 돈 뻬리뇽

와인을 좋아하지 않는 사람을 믿을 때는 조심하라.
- 칼 마르크스

와인은 오래된 친구와 같이 태어난 것이지 발명된 것이 아니다. 새롭고 예기치 않게 우리를 놀래준다.
- 살바토레 루치아

맥주는 사람이 만들고 와인은 신이 만들었다.
- 마틴 루터 샹베르땅

와인 한잔을 바라보는 것 이상으로 미래를 장밋빛으로 만드는 것은 없다.
- 나폴레옹

와인은 신의 음료이고, 우유는 어린아이의 음료이며, 차는 여자의 음료이고, 물은 짐승의 음료이다.
- 나폴레옹

와인을 마셔라, 시를 마셔라, 순수를 마셔라.
- 보들레르

와인은 슬픈 사람을 기쁘게 하고, 오래된 것을 새롭게 하고, 싱싱한 영감을 주며, 일의 파곤함을 잊게 한다.
- 바이런

마음을 나누다

Episode 1. Wedding

딱히 언제부터 어떤 계기로 인해 생긴 일인지는 모르겠으나, 생각해 보니 결혼식장에 안 간 지가 꽤나 오래됐다. 고등학교, 대학교 친구들이 다 결혼한 이후 거의 드나들지 않았으니 아마도 3년쯤 된 듯하다. 뻔한 결혼식이 지겹기도 하거니와, 무엇보다 커피 한잔도 못하고 순식간에 뿔뿔이 흩어져 혼자 되는 게 싫기 때문이다.

그렇다고 축하할 맘까지 안 전할 수야 없는 노릇이니, 그때부터 고안해 낸 것이 '와인 선물하기'다. 결혼식 전 미리 만나서 전해 주면 수많은 선물과 현금 틈바구니에서 누가 뭘 줬는지 기억조차 못하는 것과는 달리, 당사자가 많이 고마워한다. 나는 결혼식장에 안 가서 좋고, 상대방은 특별히 배려한 듯한 선물을 받아 고마워하고. 와인은 같은 값으로 '우아하게 폼나는' 선물로 여겨지는 게 무엇보다도 큰 장점이다. 와인을 좋아하는 사람한테는 그 사람 취향에 맞게, 초보자면 처음 마시기에 적당한 걸로 골라주면 더없이 좋은 선물이 된다.

상대방의 취향을 잘 모르거나 와인 초보자일 경우 자주 애용하는 아이템은 어디서나 어울리는 샴페인과 로제 스파클링 종류. 결혼선물용 와인은 신혼부부가 신혼여행지에서 마시는 용도인만큼 샴페인이 가장 어울린다고 생각하지만, 가격이 부담스럽다면 로제 스파클링이나 레드 와인을 골라줘도 무방하다. 상대가 레드 드라이 와인을 마시는 정도라면 칠레, 캘리포니아의 멜럿. 레드를 즐겨 마신다면 프랑스 보르도나 캘리포니아 까베르네 쇼비뇽 등을 골라줘도 무난하다.

Episode 2. Birthday

결혼 안 한 친구들이 많았던 20대에는 친구 생일날이 곧 회포 푸는 날이었다. 현재 만나고 있는 남자친구 얘기며, 선본 얘기들, 새로 옮긴 직장얘기 등 넘쳐나는 얘깃거리에 시간 가는 줄 몰랐었다. 30대로 넘어오자 상황은 많이 달라졌다. 다같이 모이는 건 고사하고 애가 하나 둘 생기면서부터는 다들 애 키우느라 제 생일이 언제인 줄도 모르고 지내는 게 태반이다. 생일날 남편과 함께 근사한 식당에 가서 외식하는 건 생각보다 힘들어 보인다. 바쁘게 살다 보니 나 역시 친구 생일 챙기는 일은 힘겨워졌고, 선물은 고사하고 잊지 않고 생일 축하 전화하는 것도 꽤나 신경 써야 가능한 일이 됐다. 그 사이, 내 생일도 분명 '축하'가 넘치던 날이었는데 어느 순간 '분명 달라야 하나, 별반 다를 게 없는 날'로 여겨지기 시작했다.

그래서 어느 날 나는 특별한 선물을 고안하기 시작했다. 남편과 아이에 지쳐 있는, 스트레스로 찌들어 있는 친구들에게 '그녀만을 위한 낭만적인 휴식'을 선물하기로 한 것이다. 선물 아이템은 '거품목욕과 양초, 로제 스파클링 세트'. 양초로 불을 밝히고 거품이 가득한 욕조에 누워 달콤한 로제 스파클링을 한잔한다면,

상상만으로도 온몸의 긴장이 다 날아갈 것 같지 않은가. 이런 선물은 여자친구만이 할 수 있는 특권이다. 왜냐면 남자들은 절대 상상조차 못하기 때문이다. 또 한가지, 반드시 사전에 욕조가 있는지 확인할 것.

Episode 3. Business

일반인들이 와인을 자주 마시면서, 일편 반가우면서도 어려운 것이 비즈니스용 와인 선물에 대한 부탁을 받는 것이다. 판단을 더 어렵게 하는 것은 선물을 받는 사람에 대한 정보가 거의 전무하다는 것과, 선물하려는 사람 역시 가격대를 스스로 선정하지 못한 채 부탁을 한다는 것이다. 그러면서도 고품질여야 하고, 잘 알려지거나 또는 유명해야 하며, 너무 비싸면 안 되고, 전체적으로 무난해야 한다. 참으로 충족시키기 어려운 조건이 아닐 수 없다. 그렇다면 답이 있을까? 모범답안 정도는 가능할 것 같다. 가장 무난하게 선물 고르는 방법에 대해서 알아보자.

상대방의 취향을 최대한 파악

너무 당연한 말이지만, 가능한 상대방에 대한 정보를 최대한 많이 얻어야 한다. 비즈니스 선물은 확실한 목표가 있는 만큼, 선물 고르기보다 사전정보를 모으는 데 더 집중해야 한다. '와인을 좋아한다더라' 정도는 정보로서 충분치 않다. 품종과 국가 정도는 필수적으로 알아야 접근이 가능하다. 좋아하는 취향에 맞게 선물하되, 신세계는 프리미엄급으로, 프랑스나 이태리산은 유명산지 또는 좋은 빈티지의 해를 고른다.

샤또 이름	와인 이름
샤또 라피트 로췰드(Ch, Lafite-Rothschild)	까루아드 드 라피트(Carruades de Lafite)
샤또 라뚜르(Ch,Latour)	레 포르 드 라뚜르(Les Forts de Latour)
샤또 마고(Ch,Margaux)	빠비용 루즈 뒤 샤또 마르고(Pavillon Rouge du Château Margaux)
샤또 무똥 로췰드(Ch,Mouton-Rothschild)	르 쁘띠 무똥 드 무똥 로췰드(Le Petit Mouton de Mouton Rothschild)
샤또 오브리옹(Ch,Haut-Brion)	레드 : 바앙 오 브리옹(Bahans-Haut-Brion)
	화이트 : 오 브리옹 블랑(Haut-Brion Blanc)

세컨드 와인(Second Wine)

와인을 잘 모르는 사람도 프랑스 와인이 좋다는 정도의 상식은 갖고 있다. 그렇다고 그랑크뤼 와인을 선물하기는 현실적으로 큰 부담이다. 이럴 때 그랑크뤼급의 명성은 갖고 있으면서도 가격은 저렴한 세컨드 와인을 활용해 볼 만하다. 세컨드 와인이란 이를테면 유명회사의 '자매품' 이다. 어린 포도나무에서 수확한 포도로 만들거나 포도밭 소유자가 이웃에 있는 포도밭을 구입해 만든 와인, 그리고 유명 포도밭에서 생산됐으나 약간 질이 떨어진다고 판단되는 탱크의 것으로 만든 와인을 의미한다. 유명 산지의 A.O.C.가 라벨에 표시되나, 질은 천차만별이고 잘 알려져 있지 않은 편이다. 단, 예외적으로 1등급 와인인 샤또 라뚜르의 레 포르 드 라뚜르(Les Fortes de Latour)는 수준이 높은 것으로 알려져 있다.

샤또 라피트 로췰드

샤또 마고

샤또 무똥 로췰드

명사들의 와인

워낙 막강한 영향력을 갖고 있기도 하지만, 우리나라 와인 시

티냐넬로

장을 쥐락펴락하는 사람들이 바로 명사들이다. 재계, 금융계, 문화계 등 분야별로 대표적인 인물들이 좋아하는 와인이라고 하면, 그 분야에 속해 있는 사람치고 좋아 해보고 싶은 맘이 드는 거야 당연한 거 아니겠는가. 이들이 좋아하는 와인은 물론 고품질이고, 무엇보다 이들의 유명세 덕에 대중적으로 많이 알려졌다는 면에서 '안전한' 선택이다. '카더라'를 몰고다녔던 명사들은 어떤 와인을 마셨을까?

이름	국가	지역	와인 이름	가격대
히딩크 전 월드컵 축구 감독	프랑스	생줄리앙	샤또 딸보(Ch.Talbot)	13만원대
이건희 삼성그룹회장	프랑스	뽀이약	샤또 라뚜르(Ch.Latour)	
	이탈리아	토스카나	티냐넬로(Tignanello)	15만원대
정명훈 서울시립교향악단 음악 감독 겸 상임 지휘자	이탈리아	토스카나	티냐넬로/사시카이야(Sassicaia)	15만원대 / 30만원대
김정일 북한 국방위원장	프랑스	뽀이약	샤또 라뚜르	
구본무 LG그룹회장	미국	캘리포니아	오퍼스 원(Opus one)	40만원대
최태원 SK그룹 회장	이탈리아	피에몬테	사시카이야	30만원대
강신호 동아제약 회장 (전경련회장)	칠레	센트럴 밸리	카발로 로코	10만원대
정용진 신세계 부회장	미국	캘리포니아	캔달잭슨 카디널(Cardinal)	
	프랑스	꼬뜨 드 뉘	본 로마네 드 로이 제네브리에르 (Vosne Romanee le roy Les Genaivrieres)	
김종열 하나은행장	프랑스	생줄리앙	샤또 브라네르 드크뤼 (Ch. Branaire Ducru)	
이학수 삼성그룹 부회장	칠레	콘차이또로	알마비바(Almaviva)	15만원대
이기태 삼성전자 부회장	칠레	콜차쿠아	몬테스 알파 M	15만원대
황창규 반도체 총괄사장				

* 프랑스 와인의 경우 빈티지에 따라 가격이 천차만별이다

최신 유행 와인

전 세계적으로 반도체와 핸드폰 시장은 삼성이 이끌고, 국내 와인 유행은 이건희 회장이 이끈다. 이건희 회장이 삼성 직원들에게 전한 '글로벌 비즈니스를 하려면 와인 매너를 익혀야 한다' 는 한마디는 대기업 직원들 사이에 '와인 공부하기 열풍' 으로 이어졌다.

이회장이 처음에는 와인이라는 아젠다만 띄웠다면, 그 다음 행보는 좀 더 구체적이었다. 지난해에는 임직원들에게 이탈리아 수퍼 투스칸Super Tuscans 와인을 돌려, 유통가에 비상이 걸리도록 만들었다. 수퍼 투스칸은 이탈리아 토스카나 지방의 최고급 와인으로, 전통 품종인 산지오베제외 까베르네 쇼비뇽, 멜럿 등을 블렌딩, 독특하고 견고한 스타일로 크게 인기를 얻고 있다. 그 덕택에 최근 들어 이탈리아산 와인 매출까지 크게 급증하고 있다.

이회장의 최근 행보는 전경련 모임에서 오픈한 82년산 1등급 와인 샤또 라뚜르, 아마도 빈티지를 강조한 와인 선택이 아니었을까? 가히 와인 애호가다운 스텝이 아닐 수 없다. 이 회장의 다음 선택이 무엇일지 기다려진다.

수퍼 투스칸의 대표적 가문, 피에르 안티노리

수퍼 투스칸	설 명
사시카이아(Sassicaia)	인치자 델라 로케타(Incisa della Rochetta)가 1948년 보르도의 샤또 라피트 롯칠드에서 까베르네 쇼비뇽 묘목을 가져와 만든 최고급 와인
티냐넬로(Tignanello)	피에로 안티노리(Piero Antinori)가 1971년 산지오베제와 까베르네 쇼비뇽(20%)을 섞어서 만든 고급와인으로 보르도 스타일
오르넬라이아(Ornellaia)	까베르네 쇼비뇽을 주 품종으로 메를로, 까베르네 프랑을 섞어 만든 와인, Wine Spectator(2001)에서 이탈리아 1위로 선정
솔라이아(Solaia)	까베르네 쇼비뇽(80%), 산지오베제를 섞어 만든 와인

함께라서 더욱 좋다

선물을 받는 사람이 여자라면, 보다 소프트웨어적인 측면을 강조할 필요가 있다. '감성'을 전달해야 하기 때문이다. 가장 추천하고 싶은 와인은 샴페인. 샴페인이 여자들에게 가장 사랑받는 와인이라는 사실 외에도 샴페인은 유독 여자 CEO들에 의해 발전을 거듭해 왔기 때문이다. 특히 뵈브 클리코, 뽀므리, 볼린저 샴페인의 여성 CEO들은 샴페인 역사에 전설적인 인물로 남아있다. (자세한 사항은 샴페인편 참조) 두번째로는 프랑스 부르고뉴 화이트 와인인 샤블리의 그랑크뤼급 와인을 권할 만하다. 화이트 와인의 여왕으로 최고 품질과 명성을 갖고 있다.

그 외 여자한테 선물할 때 가장 염두에 두어야 하는 것은 전달해야 할 '메시지'다. 샴페인은 성공 메시지, 부르고뉴는 최고 명성에 걸맞은 메시지가 담긴 '카드' 등을 꼭 첨부할 것.

The Grape Style
산지오베제(Sangiovese) - 진(Jean)
심플하지만 대중적이다.

빌라 안티노리

키안티 등 이탈리아 중부 지방의 대표 품종. 변종이 많아 어느 것을 쓰느냐에 따라 맛과 품질이 달라진다. 와인 종주국임에도 불구, 수출이나 품질 개선보다는 국내 소비용으로 많이 생산됐다. 오래 숙성시키는 와인보다는 영 와인으로 많이 팔리고 대량 생산에 따른 품질 관리 실패로 오랫동안 중저가 와인으로 취급됐다.

그러던 것이 최근 들어 피에로 안티노리^{Piero Antinori} 등 몇몇 생산자 중심(수퍼 투스칸)으로 고급 와인을 생산하기 시작, 유명세를 얻고 있다. 전통 품종인 산지오베제에 프랑스 품종인 까베르네 쇼비뇽, 멜럿 등을 블렌딩, 세련되고 독특한 스타일의 와인을 생산하고 있다.

이탈리아 토스카나 지방에서 대표적으로 많이 생산되고 미국 캘리포니아나 호주 등에서도 재배한다. 안티노리^{Antinori}, 비욘디 산티^{Biondi-Santi}, 브롤리오^{Brolio}, 바로네 리카솔리^{Barone Ricasoli} 등이 대표적인 생산자들이다.

- Aroma & Bouquet : 블랙체리, 시큼한 체리, 자두, 담배향, 말린 감초향.
- Dry : 일반적으로 모든 레드 와인이 드라이하나, 특히 산지오베제는 특유의 떨떠름한 맛과 높은 산도로 인해 더 드라이하게 느껴진다.
- Bright : 산지오 베제의 대표적 특성으로 높은 산도를 갖고 있다.
- Medium-bodied : 묵직하지 않은 것이 일반적이나 까베르네 쇼비뇽 등 다른 품종과 블렌딩 한 경우 풀바디하다.
- Medium ~ strong tannins : 태닌이 많아 텁텁하나, 산지오베제를 까베르네 쇼비뇽 등과 블렌딩하면 태닌을 부드럽게 만든다.

Ten Minutes Lesson

이탈리아 와인 라벨 및 등급의 이해

이탈리아 전 국토를 통틀어 20개 지방에 96개 지역에서 와인

이 생산된다. 토스카나Toscana, 피에몬테Piemonte, 베네토Veneto가 가장 유명한 와인 생산지방이나 프랑스처럼 포도밭에 대한 체계적인 등급은 없고 총 4등급으로 크게 나눠진다.

· 비노 다 타볼라(Vino da Tavola) : 가장 낮은 등급으로 주로 국내 소비용으로 쓰인다.

· I.G.T(Indicazione Geografica Tipica) : 생산지명만 표시하는 것과 포도 품종과 생산지명을 표시하는 두 가지가 있다.

· D.O.C.(Denominazione di Origine Controllata) : 포도 품종은 표시하지 않고 원산지만 나타낸다.

· D.O.C.G.(Denominazione di Origine Controllata e Garantita) : 원산지 명칭 통제 보증이란 뜻으로, 5년 이상 D.O.C. 와인으로서 일정 수준 이상의 것을 심사하여 결정한다. 가장 높은 등급에 해당한다.

토스카나 지방($: 비싼 정도)

· 키안티(Chianti/D.O.C.G.) : 기본급($)

· 키안티 클라시코(Chianti Classico/D.O.C.G.) : 키안티 내의 특정 지역에서 나온 것($$)

· 키안티 클라시코 리세르바(Chianti Classico/D.O.C.G.) : 클라시코 지역에서 나온 것으로 최소 2년 이상 숙성시킨 것($$$)

· 브루넬로 디 몬탈치노(Brunello di Montalcino/D.O.C.G.) : 산지오베제의 변종인 브루넬로로 만들며 한정생산으로 값이 비싸다.

· 비노 노빌레 디 몬테풀치아노(Vino Nobile di Montepulciano/D.O.C.G.) : 산지오베제로 만들고 보통 2년 이상 숙성시키고 리세르바는 3년 이상 숙성시킨다.

브루넬로 디 몬탈치노

안티노리(Antinori), 비욘디 산티(Biondi-Santi), 브롤리오(Brolio), 바로네 리카솔리(Barone Ricasoli), 프레스코발디(Frescobaldi) 등이 대표적인 생산자들이다.

피에몬테 지방

바롤로(Barolo)와 바르바레스코(Barbaresco)가 가장 유명한 D.O.C.G.이며, 네비올로(Nebbiolo)로 만든다. 우아하면서도 파워풀한, 견고한 질감의 고급 레드 와인을 생산한다.

· **바롤로 D.O.C.G.** : 3년 이상 숙성시키며 리세르바는 5년 숙성시킨다.
· **바르바레스코 D.O.C.G** : 2년 이상 숙성시키고 리세르바는 4년 숙성시킨다.

안젤로 가야(Angelo Gaja), 베르사노(Bersano), 브루노 쟈코사(Bruno Giacosa), 빌라 반피(Villa Banfi) 등이 대표적인 생산자이다.

베네토 지방

코르비나(Corvina), 가르가네가(Garganega), 트레비아노(Trebbiano) 등을 주원료로 만들고, 주로 대중적인 와인을 생산한다. 아마로네(Amarone)라는 발폴리첼라에서 생산되는 특이한 레드 와인이 유명하다. 포도를 수확한 다음 짚방석에서 건조시켜 당분 함량을 높인 다음에 와인을 만들지만, 완전히 발효시키기 때문에 드라이하다.

발폴리첼라(Valpolicella), 바르돌리노(Bardolino), 소아베(Soave) 등이 대표적인 D.O.C.G.이며, 볼라(Bolla), 마시(Masi) 등이 대표적인 생산자다.

아마로네 델라 발폴리첼라

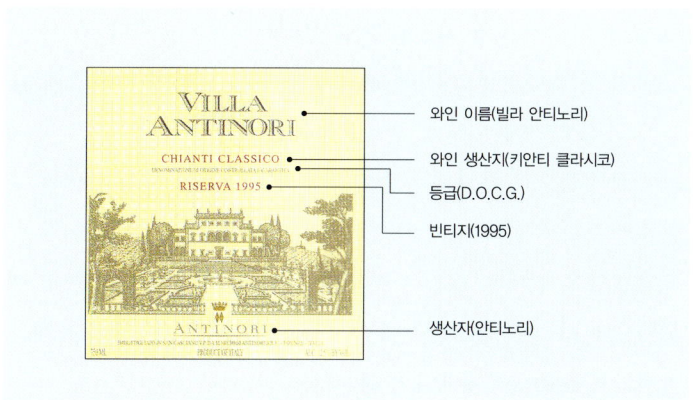

와인 이름(빌라 안티노리)

와인 생산지(키안티 클라시코)

등급(D.O.C.G.)

빈티지(1995)

생산자(안티노리)

와인값의 비밀

국내 와인값이 비싼 이유 – 와인 한 병에 부과되는 세금은 얼마?

모든 홀릭holic 증세가 그러하듯, 와인도 한번 맛을 들이면 빠져 나오기 힘들다. 처음에야 중저가로 시작하지만, 점점 좋아하는 스타일이 생기기 시작하면서부터는 고가 앞에서도 '지름신'이 강림하기 시작하신다. 덕분에 와인이 주는 황홀한 기쁨은 한달 뒤 '생존을 위협하는 카드값'으로 변질된다. 이런 증상은 우리나라에서 더욱 심하게 일어나는데 그 이유는 바로 와인에 부과되는 턱없이 높은 세금 때문이다.

우리나라의 주세법은 과거 일제시대 일본의 영향으로 만들어 졌다. 몇 십 년이 흘렀지만 복잡한 주류 유통구조와 그에 따른 이익구조로 이제는 좀처럼 손대지 못하는 수준이 됐다.

주세법을 우리나라에 전수한 일본은 와인 가격에 상관없이 양 (量)을 기준으로 병당 5~6엔의 세금을 부과하는 '종량제'를 택하고 있다. 따라서 고급 와인일수록 한국보다 월등히 싸다.

반면, 우리나라는 가격에 세금을 매기는 방식을 택하고 있다. 우선 국내 와인에는 관세, 주세, 교육세, 부가세 등 총 4가지의 세금이 순차적으로 부과되는 종가방식인데, 부과 기준은 운임과 보험료가 포함된 한국 도착 가격CIF이다.

태평양을 건너온 와인은 우리나라에 도착하자마자 15%의 관세가 붙는다. 여기에 다시 30%의 주세가 붙고, 10%의 교육세가, 마지막으로 10%의 부가세가 붙는다.

예를 들어보자. 도착가격이 1,000원(운임료와 보험료로 이미 부과됨)인 와인은 각각의 세금이 붙어 최종적으로 1,682(68%)원이 된다. 각각 세금의 %만 적용, 합산하면 1,650이 돼야 하지만 우리의 방식은 세금 부과 단계를 거치면서 누적되는 방식이다. 따라서 주세는 (CIF+관세)에 세율을 곱하고, 부가세(CIF+세금 총합)는 세 가지 세금 합계에 세율을 곱하는 방식인 탓으로 32원이 더 붙는 것이다.

여기까지가 한국에 도착하자마자 와인에 부과되는 세금이고, 검역비용 등 추가적인 비용이 합산된다. 또한 소비자의 손까지 오기까지는 이 과정을 통과한 금액에 20% 이상의 유통마진이 붙는 것이다. 본래 산지에서 약 7,000원이었던 와인은 최종적으로 300% 가격이 상승한 최소 약 3만원으로 둔갑한다. 와인바나 백화점, 호텔 등에서는 물론 더 비싼 마진이 적용된다. 알코올이 아니라 세금을 들이붓고 있었던 듯하다.

그렇다면 다른 수입 주류에 붙는 세금(CIF 100 기준)은 얼마일까?

알코올 농도가 높은 위스키, 진, 럼, 보드카 등은 약 155%가 부과된 255원, 꼬냑은 144%인 244원, 고량주는 무려 198%가 부과된 298원이 붙는다. 그나마 수입 맥주는 주세법 개정으로 과거 228%의 세금 부과율이 143%로 낮아져 현재는 243원이 붙는다.

보졸레 누보의 호강, 그리고 굴욕

우리나라에서 몇 년 전 선풍적인 인기를 끌었던 보졸레 누보는 그야말로 주객이 전도, 호사를 누리는 와인이다. 잘 알려져 있는 대로 이 와인은 매년 11월 3째주 전 세계적으로 동시에 판매된다는 이색 마케팅 전략을 펼쳤다. 이 때문에 한날 한시에 도착하도록 하는 '와인 대이동'이 무엇보다도 큰 문제였다. 다른 와인처럼 배를 통해 운반하기에는 적도를 통과하면서 변할지도 모르는 품질도 그렇거니와, 정해져 있는 데드라인을 맞춰야 하는 어려움 때문이다. 그래서 등장한 것이 바로 비행기를 통한 운반법이었다.

이 기막힌 아이디어를 낸 사람은 조르주 뒤뵈프 Georges Duboeuf 로, 그는 가난한 포도밭에서 태어나 레스토랑에 와인을 자전거로 배달하면서 와인업계에 입문, 보졸레 누보를 전 세계적으로 유명하게 만들었다. 보졸레의 왕이라는 극칭을 받으며 살아있는 신화로 칭송받았으나 몇 년 전 불법 거래한 사실이 알려지면서 판매가 격감되고 명성이 퇴색하는 고초를 겪기도 했다.

어쨌든 우리나라에서도 추수를 끝내고 막걸리 돌리며 수확의 기쁨을 누리듯, 다같이 축제처럼 마시는 가볍고 소박한 술이 보졸레 와인이다. 이 와인이 태평양을 건너면서 일찍이 어떤 와인도 누려보지 못한 호강을 누렸으니, 실로 '상전벽해'를 생각케 하는 와인이 아닐 수 없다. 지금은 몇 년 반짝하다 별로 안 팔리는 '과거의 영광'으로 퇴색됐으나, 그 몇 년 동안 상당한 항공요금을 소비자가 대신 납부했다는 사실을 아는 사람은 과연 몇이나 될까?

● Wine List

구분	생산국	이름	품종	생산지	빈티지	생산자	알코올 도수	용량	소비자 가격
	이탈리아	루피토 키안티	산지오베제 90% 까나이올로 10%	토스카나	2005	Ruffino		750ml	22,000
	이탈리아	빠터 산지오베제	산지오베제 100%	토스카나	2004	Marchesi de' Frescobaldi	12.50%	750ml	22,000
	이탈리아	산타 크리스티나	산지오베제 90% 멜럿 10%	토스카나	2004	Antinori	12.50%	750ml	21,500
	이탈리아	까스띨리오니	산지오베제 90% 멜럿 10%	토스카나	2004	Marchesi de' Frescobaldi	12.50%	750ml	29,000
	이탈리아	몬테 안티코	산지오베제 100%	토스카나	2003	Monte Antico	12.50%	750ml	33,000
	이탈리아	일 뚜깔레 토스카나	산지오베제 80% 멜럿 15% 기타 5%	토스카나	2003	Ruffino	13%	750ml	40,000
	이탈리아	키안티 꼴리제네지	산지오베제 92% 멜럿 8%	시나룬가	2003	Felsina		750ml	38,000
	이탈리아	니포짜노 키안티 리제르바	산지오베제 90% 기타 레드 10%	토스카나	2002	Marchesi de' Frescobaldi	13%	750ml	44,000
	이탈리아	빌라 안티노리로쏘	산지오베제 60% 까베르네 소비뇽 20% 멜럿15% 시라 5%	토스카나	2002	Antinori	13%	750ml	41,000
	이탈리아	폰토디 키안티 클라시코	산지오베제 100%	토스카나	2004	Fontodi	13.50%	750ml	44,000

Daily Sips

● Wine List

구분	생산국	이름	품종	생산지	빈티지	생산자	알코올 도수	용량	소비자 가격
이탈리아	페폴리 키안티 클라시코	산지오베제 90% 멜럿, 시라 10%	토스카나	2003	Antinori	13.00%	750ml	47,000
이탈리아	레볼떼	산지오베제 40% 까베르네쇼비뇽 30% 멜럿 30%	토스카나	2002	Ornellaia		750ml	44,000
이탈리아	리제르바 듀칼레 키안티 클라시코	산지오베제 90% 콜로리노,까베르네 쇼비뇽, 멜럿 10%	토스카나	2001	Ruffino		750ml	50,000
이탈리아	티나넬로	산지오베제 80% 까베르네 소비뇽 15% 까베르네 프랑 5%	토스카나	2001	Antinori	13.50%	750ml	156,000
이탈리아	브루넬로 디 몬탈치노, 반피	브루넬로 100% (산지오베제 변종)	토스카나	1999	Banfi	13%	750ml	137,000
이탈리아	모두스	산지오베제 50% 까베르네 쇼비뇽 25% 멜럿 25%	토스카나	2000	Ruffino		750ml	120,000
이탈리아	아마로네 델라 발폴리첼라 클라시코	코르비나 100%	베네토	2000	브라갈라다		750ml	130,000

인생의 동반자

기쁠 때나 슬플 때나 늘 함께 하리니……

　어느 날 여자 후배가 찾아왔다. 한창 신혼의 달콤한 꿈에 젖어 있어야 할 텐데 표정이 심상치 않다. 남편과 갈등을 겪고 있는데 어찌할 바를 모르겠단다. 요는 '분명 회사에서 무슨 일이 있는 것 같은데, 도통 말을 안 해 답답하다는 것'과 '어떻게 위로를 해줘야 할지 방법을 못 찾겠다는 것'이다.

　결혼한 선후배들의 깨소금 같은 결혼생활을 보고 '희망'을 찾아도 시원찮은 마당에 어쩌자고 나한테는 이런 고민들만 꼬이는지 참으로 알 수 없는 노릇이다. 늦게까지 같이 술을 마셨지만 '적당한 때를 골라 잘 다독여 주라는 것' 외에 무슨 해법이 있겠는가.

　'수다'를 생존 무기로 지니고 살아가는 여자들에게는 '속마음'을 잘 드러내지 않는, '자주 동굴 속으로 들어가 버리는' 이 이상한 행성에서 온 남자라는 존재들이 참으로 낯설 따름이다. 남녀관계라는 것이 참으로 이상해서, 결혼 전에는 남자가 여자 마음을 몰라 속을 태우고, 결혼 후에는 남자 마음을 몰라 여자들이 속을 끓이고 산다. 남자가 여자를 꼬시는 기간은 고작 몇 년이고 결혼 후에 여자가 속 끓이고 사는 햇수는 수십 년에 이르니, 산술적으로만 보자면 참으로 '손해 보는 장사'가 아닐 수 없다.

사랑을 표현하는 방식에도 남녀간 차이는 크다. 이를 보여주는 재미있는 고전이 있다.

'말(馬)을 사랑하는 사람이 있었습니다. 말을 어찌나 사랑하던지 좋은 광주리로 말똥을 받고, 큰 대합 껍질로 말 오줌을 받을 정도였습니다. 그러던 어느 날, 말을 사랑하는 이가 말 등에 모기가 앉는 것을 보고 갑자기 말 등을 때렸습니다. 놀란 말이 재갈을 벗고 날뛰는 바람에 그 사람의 머리는 깨지고 가슴까지 받히고 말았습니다. 말을 사랑하는 뜻은 극진하지만 사랑하는 방법이 잘못이었습니다. 어찌 조심하지 않을 수 있겠습니까?'

이 이야기는 장자에 나오는 한 대목으로 말을 사랑한 사람이 시간을 못 맞춰(不時) 말을 때리는 바람에 일을 그르친 것을 가르치는 내용이다. 인생사 모든 일에 적기(適期)가 있으니 때를 잘 맞추라는 것이다. 사랑학 개론에 언제나 등장하는 '타이밍'의 고전 버전인 셈이다.

타이밍만 중요하랴. 속마음 또한 얼마나 알기 어려운가. 한 백화점이 여론조사를 실시하면서 남편과 아내에게 힘들 때 가장 듣고 싶은 한마디를 꼽으라 했다. 이 질문에 남편은 '당신을 믿어요(71%)', 아내는 '많이 힘들지요?(50%)'를 꼽았다. 그리고 남편과 아내 모두 받고 싶은 선물 1위에 대해서는 '사랑의 편지'라고 대답했다. 너무 고전적이다 못해 쉬운 이 한마디를 못해 '그토록 듣고 싶은 지경인가' 싶어 허무하기까지 하다.

타이밍을 잘 맞추고 속마음을 알았다고 끝나는 게 아니다. 최후의 '굳히기 한방'을 위한 필살기가 필요하다. 이벤트 잘하는 남자가 인기 있는 시대라서 무뚝뚝하고 표현 못하는 남자들은 사랑하기조차 어려운 시대가 됐다.

그런가 하면 애교가 '무기'인 여자들이 판치는 이 시대에, 태어날 때부터 유전자적 결함으로 그 필살기를 '거세' 당한 나 같은 처지의 여자들도 '사랑'은 참으로 쟁취하기 어려운 난제다.

가장 기쁜 순간과 가장 힘든 순간을 사랑하는 사람과 같이 하고 싶은 여자들이여, 위 모든 난제들을 완벽하게 대신 할 수 있는 '절대 실패하지 않는 전략'을 추천한다.

첫째, 타이밍 – 가장 기쁜 순간과 가장 힘들어하는 순간을 놓치지 말 것.
　　　　　　이벤트는 남자만의 전유물이라는 고정관념을 버릴 것.

둘째, 속마음 – 백마디 말을 대신할 화룡점정의 한마디를 던질 것.
　　　　　　기쁠 때나 슬플 때나 늘 함께하겠다는 믿음과 진심 어린 위로의 한마디를 던져보라.
　　　　　　'사랑의 편지'가 어렵다면 '당신을 믿어요'를 적은 메모라도 준비하라.

셋째, 필살기 – 지상 최고의 대화 지향형 윤활유 '와인'을 준비할 것. 그리고 재주껏 애교를 부려라. 그게
　　　　　　어렵다면 '펄럭귀'라도 한껏 펼칠 것. 듣는 것이 말하는 것보다 더 큰 위로가 된다.

'입을 닫아버렸던' 그 이상한 지구인과 같이 사는 후배의 이후 스토리는 이 전략의 성공 케이스 1호다. 그 후배 남편은 후배의 꾀임에 넘어가 와인 맛에 완전히 빠졌고(물론 사이도 더 돈독해졌단다), 우리는 가끔 같이 와인 파티 하는 사이가 됐다.

기쁜 날을 위한 선택, 샤르도네

소주가 가장 사랑받는 주종인 우리나라에서 화이트 와인을 즐기는 남자는 아주 섬세한 이를 빼고는 드문 편이다. 레드와 화이트로 크게 나누었을 때도 남녀를 떠나 레드 와인을 더 선호하는 게 일반적이다. 그러나 화이트 와인은 특히 기쁜 일이 있을 때 센스가 돋보이는 선택이다.

샤르도네를 마실 때마다 내 앞에 은하수가 펼쳐지는 듯한 환상에 젖어보곤 하는데, 혹 레드 와인 애호가라 할지라도 기쁜 날에는 화이트 와인을 함께 즐겨볼 것을 추천한다. 즐거운 기분을 부드러우면서도 우아하게 고취시켜 주는 와인이 더 적합하기 때문이다. 기쁜 날 만신창이가 되도록 취하고 싶은 게 아니라면 말이다.

그 중에서 샤르도네는 도도하고 기품 있는 우아한 드레스를 연상시키는 화이트 와인의 여왕으로, 단연 전 세계적으로 가장 사랑받는 포도 품종이다.

그러나 고급 산지가 아니라면 되도록 신선하게 마시는 것이 좋다. 샤르도네는 추운 지역에서 재배되는 품종인 만큼 상대적으로 더운 지역에서 생산된 샤르도네라면 수년 내에 마시는 것이 좋다. 프랑스 부르고뉴의 샤르도네는 5년 전후로 마실 수 있다. 부르고뉴의 유명 샤르도네는 가격이 비싼 편이므로 이 지역의 유명 네고시앙을 선택하는 것도 한 방법이다. 그 밖으로는 미국 캘리포니아, 뉴질랜드, 남부 오스트레일리아 등에서도 생산된다.

함께라서 더욱 좋다

분위기 전환을 위한 선택, 쉬라즈

속을 터놓고 얘기를 나누기에는 아무래도 깊은 우울을 닮은 와인이 더 어울린다. '내 남자가 울고 있습니다. 해줄 수 있는 건 모르는 척하기, 따뜻한 마음 한잔' 어느 술 광고의 카피처럼 마음을 전할 수 있는 와인이 필요하다.

우울한 날에 소주가 더 마시고 싶어지는 것처럼, 이런 경우에는 진하고 강한 느낌이 나는 와인이 더 어울린다. 이런 종류로는 까베르네 쇼비뇽이나 쉬라즈가 있는데, 태닌과 알코올이 높아 입안에 가득 차는 듯한 강한 느낌을 준다.

지난해 Fine Food Festival에서 1일 어시스턴트로 와인시음을 도운 적이 있었는데, 남녀간 선호하는 와인이 극명하게 나뉘는 걸 확인했다. 여자의 90%가 달콤한 와인을 요청한 반면, 남자는 거의 90%가 까베르네 쇼비뇽같이 달지 않고 진한 맛을 선호했다. 와인 초보자들을 대상으로 한 것이니만큼 대상에 따라 차이가 있을 수 있으니 와인 마실 사람의 취향을 미리 파악해 두면 좋을 듯하다.

프랑스 보르도, 미국 캘리포니아, 칠레지역에서 까베르네 쇼비뇽이 많이 생산되고 호주에서 쉬라즈(프랑스에서는 시라라고 함)가 생산된다. 같은 까베르네 쇼비뇽이라도 미국이나 칠레 와인은 캬라멜이나 초콜렛향이 강하고 좀 더 농후한 질감이 느껴진다.

샤르도네 –
크림 골드 롱 드레스(Cream gold long dress)
숨막힐 듯 스타일리쉬하다.

뿌이 퓌세

레드에 까베르네 쇼비뇽이 있다면, 화이트에는 샤르도네가 레벨이 맞는 격이다. 레드의 까베르네 쇼비뇽처럼, 화이트 와인에 있어서 단연 세계 최고이자 가장 인기 있는 품종이다.

다른 품종보다 숙성시간이 길고 오크통에서 숙성시킬 경우 풍부한 향과 함께 특유의 복합적이고 깊은 맛을 선사하다. 좋은 것은 병 속에서 10년 가까이 보관하면서 숙성된 맛을 즐길 수 있다.

샤르도네는 비교적 춥고 서늘한 지역에서 많이 생산되는데 대표적인 산지는 프랑스 부르고뉴 지방이다. 이 지역에서는 화이트 와인을 만들 때 전부 샤르도네만을 사용한다. 별도의 품종을 혼합한 경우 해당 품종을 적기도 한다.

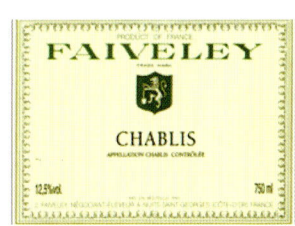

샤블리 페블리

유명한 A.O.C.로는 샤블리Chablis, 꼬르동 샤를르만뉴Corton-Charlemagne, 몽라셰Montrachet, 뫼르소Meursalt 등이 있다. 보다 대중적인 A.O.C.로는 뿌이 퓌세Pouilly-Fuisse가 있다.

부르고뉴 샤르도네는 다른 지역에 비해 독특한 차별점을 갖고 있는데 높은 산도와 미네랄이 그것이다. 이 지역의 떼루아에 많은 미네랄이 결국 포도에까지 영향을 미쳐 부르고뉴만의 색깔을 만들어 낸 것이다. 부르고뉴 이외의 지역으로는 미국 캘리포니아 알렉산더 밸리, 워싱턴 콜롬비아 밸리, 호주 헌터 밸리, 뉴질랜드 말보로, 칠레 마이포 밸리 등이 있다.

함께 라서 더욱 좋다

· Aroma & Bouquet : 사과, 배, 파인애플, 무화과, 멜론 등의 과일향이 나며 오크 숙성 여부에 따라 오크, 크리미, 버터, 견과류 향이 나기도 한다.

· Dry : 대부분의 샤르도네는 드라이하다. 발효과정을 통해 전부 알코올로 변환되기 때문이다. 샤르도네를 마시면서 약간 스위트하게 느끼기도 하는데, 이는 상대적으로 높은 알코올 때문에 느껴지는 '스위트한 인상' 때문이다.

· Crisp ~ Smooth : 샤르도네의 대표적 캐릭터는 아삭아삭하게 씹히는 듯한 산도의 묘미에 있다. 낮은 산도를 가진 샤르도네는 상대적으로 부드럽게 느껴진다.

· Light ~ Full-Bodied : 샤르도네는 화이트 와인 중에서 상대적으로 알코올 도수가 높은 편이다. 따라서 미디엄이나 풀바디가 일반적이다(12~14%).

Ten Minutes Lesson

부르고뉴 와인의 이해

보르도 지방이 개인별로 특정 포도밭을 단독으로 소유하고 있는 형태라면, 부르고뉴는 하나의 포도밭을 여러 명이 공동으로 소유하는 곳이 많다. 1789년 프랑스 혁명 이후 수도원이 해체되면서 교회 소유의 포도밭이 민간에 불하됐기 때문이다. 그래서 포도 재배에서 와인제조까지 한 샤또에서 이뤄지는 보르도와는 달리, 부르고뉴는 포도 재배와 제조가 따로따로 이뤄진다. 이 때문에 중간상인인 네고시앙의 역할이 크며, 부르고뉴의 약 80%가 이들 네고시앙들에 의해 생산된다. 가장 넓은 지역을 포괄하는 A.O.C.를 빌라쥐Village, 중간 정도의 넓이 A.O.C.인 1등급 프리미에 크뤼 Premiers Crus, 가장 좁은 지역이자 포도밭 단위를 의미하는 A.O.C.

의 특등급 그랑 크뤼Grands Crus으로 나뉜다. 부르고뉴는 북쪽으로부터 남쪽으로 크게 5곳으로 나뉜다.

샤블리(Chablis)

부르고뉴의 중심에서 북쪽으로 멀리 떨어져 있으며 세계 최고의 샤르도네 화이트 와인을 생산한다. 그랑크뤼를 생산하는 7개 포도밭에서 샤블리 최고의 와인이 생산되는데 병입 후 5년 정도는 숙성되며 20년간 보존이 가능하다.

· **샤블리 그랑크뤼** : 블랑쇼(Blanchots), 부그로(Bougros), 레 끌로(Les Clos), 그르누이(Grenouilles), 레 프레즈(Le Preuses), 보데지르(Vaudesir), 발무르 (Valmur) 등이다.

꼬뜨 도르(Côte d'Or)

일반적으로 고급 부르고뉴 와인을 지칭할 때 해당되는 지역이며, 화이트와 레드 모두 세계 최고의 와인이 생산된다. 북쪽인 꼬뜨 드뉘Côte de Nuits와 남쪽인 꼬뜨 드본Côte de Beaune으로 나뉜다.

· **꼬뜨 드뉘** : 세계 최고 수준의 레드 와인을 생산한다. 샹베르땡(Chambertin), 끌로 드 타르(Clos de Tart), 뮈지니(Musigny), 로마네 꽁띠(Romanée-Conti)등 25개의 그랑크뤼 포도밭이 있다.

· **꼬뜨 드본** : 세계 최고의 레드와 화이트를 생산한다. 레드는 그랑크뤼로 꼬르똥(Corton)이 있으며, 화이트는 몽라셰(Montrachet), 바따르 몽라셰 (Batard-Montrachet) 등 6개 그랑크뤼가 있다.

샤블리 그랑크뤼 레블랑쇼

빌라쥐급 와인, 뉘 쌩조르주

꼬뜨 샬로네즈(Côte Châlonnaise)

빌라쥐 급으로 화이트 와인은 몽딴니 Montragny, 륄리 Rully가 유명하고, 레드 와인은 메르퀴레 Merucurey, 지브리 Givry, 륄리 Rully가 유명하다.

마꼬네(Mâconnais)

화이트 와인 빌라쥐로 뿌이 퓌세 Pouilly-Fuissé, 뿌이 로셰 Pouilly-Loché, 뿌이 뱅젤르 Pouilly-Vinzelles, 쌩 베랑 Saint-Véran, 비레 끌레쓰 Viré-Clesse 등 5개가 있다.

보졸레(Beaujolais)

경계상으로 부르고뉴 지역에 속해 있지만 보졸레는 가메를 주품종으로 재배하며 와인제조도 탄산가스 침용이라는 방법을 사용, 산도가 낮고 거친 맛이 덜한 신선한 레드 와인을 생산한다.

부르고뉴 와인의 등급

부르고뉴는 크게 그랑크뤼 Grand crus, 프리미어 크뤼 Premier crus, 빌라쥐 Village 등 3개 등급으로 나뉜다. 그랑크뤼는 최고의 포도밭을 의미하는 등급으로, 레드는 꼬뜨 도르, 화이트는 꼬뜨 도르 또는 샤블리 지방에서 나온 와인에 붙는다.

프리미어 크뤼는 그랑크뤼 보다는 한 등급 낮은 것으로 꼬뜨 또르의 레드와 화이트, 샤블리의 화이트 등에 붙는다. 꼬뜨 도르의 경우 그랑크뤼의 특정 포도밭보다는 더 넓은 지역이름이 붙는다.

빌라쥐는 대중적으로 마실 수 있는 등급으로 화이트는 알록스 꼬르동Aloxe-Corton 뫼르소Meursault 등 넓은 지역의 이름이 붙는다. 레드는 뽀마르Pommard, 볼네Volnay 등이 붙는다. 뿔리니 몽라셰Puligny-Montrachet, 샤싼뉴 몽라셰Chassagne Montrachet, 본느Beaune, 뉘 쌩 조르주Nuits St-George 등은 레드와 화이트 공통 빌라쥐다.

그 외 부르고뉴Bourgogne 또는 샤블리Chablis 등으로 기재되어 있는 와인은 가장 넓은 지역을 의미하는 것으로 가장 대중적이고 저렴하게 즐길 수 있다.

샤블리, 루이 자도, 뱅따쥐 화이트

네고시앙

가장 큰 네고시앙인 루이 자도Louis Jadot를 비롯, 부샤르 뻬르 에 퓌스Bouchard Pere & Fis, 조세프 드루앵Joseph Drouhin, 루이 라뚜르Louis Latour, 로삐또 프레르Ropiteau Freres, 쟈플랭Jaffelin, 라부레 루아Laboure-Roi 등이 있다.

A Talk Break

다이애나와 몽라셰(Montrachet)

1997년 8월 30일, 지상 최고의 여인으로 전 세계인의 사랑과 흠모를 받던 한 여인이 교통사고로 사망했다. 너무나 고통스런 한 마디 '날 내버려둬요'를 마지막으로 남기고 거짓말같이 지상에서 영원으로 사라졌다.

영국의 장미 디이애나 왕세자비. 모든 것을 다 가졌지만 사랑만은 갖지 못한 비운의 주인공이자 전쟁 고아와 에이즈 환자, 노

몽라셰

약자들을 위한 평화의 사도였던 자선사업가. 21세기를 사는 우리에게 그녀는 두고두고 잊혀지지 않는 이름이 될 것 같다.

다이애나비는 1981년 자신보다 열세 살 많은 찰스 왕세자와 결혼식을 올린다. 스펜서가의 딸로 태어나 평범하게 살아가던 그녀는 마치 신데렐라가 왕자님을 만나듯 찰스 왕세자의 눈에 띄어 일약 최고의 위치에 올랐다. 결혼생활은 행복하지 않았고, 찰스 왕세자는 딴 여자를 맘에 두고 관계를 끊지 못한다.

별거기간 동안 다이애나는 고독과 외로움 생활을 잊고자 승마 교관인 휴이트와 가깝게 지냈는데 이것이 세상에 알려지면서 왕실과의 관계는 더더욱 악화됐다. 다이애나는 해스냇이라는 파키스탄 의사와 사랑에 빠지기도 했고, 그 밖에도 여러 사람들과 유쾌하지 못한 염문들을 뿌렸다. 그러던 중 다이애나는 이혼 후 그녀 앞에 혜성처럼 나타난 재력가 도디라는 남자를 만난다. 그러나 도디는 이혼 경력에 여성편력이 심한 남자로 이미 줄리아 로버츠, 티나 시나트라, 브룩 쉴즈 등 당대 최고의 여자들과 사귄 전력을 갖고 있었다. 끈질긴 구애 끝에 마침내 다이애나는 도디와 재혼을 결심한다. 그리고 결혼식 문제로 파리의 한 호텔에서 저녁식사를 마친 후 차량으로 이동하던 중 비운의 교통사고를 당한다. 도디는 교통사고 현장에서 사망했고, 병원으로 옮겨진 다이애나는 흉부과다 출혈로 새벽 4시쯤 영원히 세상을 떠났다.

비록 죽음으로 재혼까지 이어지지는 않았으나, 다이애나의 인생 행로는 여러 면에서 재클린 오나시스(1929~1994)와 닮아 있다. 미국 최고 부유 가문인 케네디 가문을 만나 미국인들로부터 가장 추앙받는 여인으로 살았으나, 여성편력이 심했던 케네디로 인해 인고의 세월을 견뎌내야 했다. 케네디의 죽음 이후, 재클린은 엄청난 재력가였던 선박왕 오나시스의 끈질긴 구애를 받는다. 물론 오나시스도 마리아 칼러스를 비롯, 희대의 여인들과 수많은 염문을 뿌린 바람둥이로 널리 알려져 있었다. 그러나 그 둘은 마침내 결혼했고 여생을 함께했다.

사회적으로 성공하고 재력을 갖춘 남자의 마지막 열망은 무엇일까? 위 두 케이스에서 보듯 도디와 오나시스가 끈질기게 집착한 것은 다이애나와 재클린만이 줄 수 있는 지참금, '명성과 위엄'이었던 것이다. 돈으로 살 수 있는 것이 아닌, 도저히 범접할 수 없는 그러나 너무나 큰 열망을 불러일으키는 그것, '명성과 위엄'. 생전에 다이애나는 프랑스 부르고뉴 화이트 와인을 즐긴 것으로 알려져 있다. 부르고뉴는 최고의 화이트 와인이 나오는 명산지이다. 리츠 호텔의 수석 소믈리에를 지낸 장 미셸 들뤼크는 미국 <비즈니스위크>와 가진 인터뷰에서 "그녀는 매우 품질 좋은 화이트 와인을 한 잔 정도만 마셨으며 레드 와인은 마시지 않았다"고 밝혔다.

숨막힐 듯 스타일리쉬한 아름다움을 간직했던 다이애나, 다이애나만큼이나 최고의 명성과 위엄을 갖고 있는 와인 몽라셰. 그녀가 몽라셰를 좋아한 것은 그저 우연이었을까?

Daily Sips

구분	생산국	이름	품종	생산지	빈티지	생산자	알코올 도수	용량	소비자 가격
	프랑스	마꽁 블랑 빌라쥐	샤르도네 100%	마꼬네	2002	J.Faiveley	12.50%	750ml	24,000
	프랑스	샤블리	샤르도네 100%	부르고뉴	2005	Louis Latour		750ml	45,000
	프랑스	샤블리 페블리	샤르도네 100%	샤블리	2004	J.Faiveley	12.50%	750ml	43,000
	프랑스	뿌이 휘세	샤르도네 100%	부르고뉴	2004	Louis Max	12.50%	750ml	65,000
	미국	터닝 리프 샤르도네	샤르도네 100%	캘리포니아	2004	E&J Gallo	13.50%	750ml	15,000
	미국	투바인스 샤르도네	샤르도네 100%	컬럼비아 밸리	2003	Columbia Crest Winery		750ml	19,000
	미국	레드우드 크릭 샤르도네	샤르도네 100%	캘리포니아	2004	E&J Gallo	13%	750ml	23,000
	미국	샤르도네 리제르바	샤르도네 100%	나파밸리	2003	Robert Mondavi	13.50%	750ml	30,000
	미국	스택스 립 와인 셀러	샤르도네 100%	나파밸리	2002	Stag's Leap Wine Cellars		750ml	68,000
	뉴질랜드	말보로 언오크트 샤르도네	샤르도네 100%	말보로	2004	Villa Maria	12.50%	750ml	29,000

● Wine List

구분	생산국	이름	품종	생산지	빈티지	생산자	알코올 도수	용량	소비자 가격
	뉴질랜드	빌라 마리아 리저브	샤르도네 100%	허크스 밸리	2002	Lindemans	14%	750ml	67,000
	호주	빈 65 샤르도네	샤르도네 100%	남부 오스트레일리아	2005	Lindemans	13.50%	750ml	22,000
	호주	쿠능가힐 샤르도네	샤르도네 100%	남부 오스트레일리아		Penfolds		750ml	39,000
	호주	프레지던트 샤르도네	샤르도네 100%	바로사 밸리	2004	Wolf Blass		750ml	59,000
	프랑스	샤블리 프리미어 크뤼 꼬뜨 드 레세	샤르도네 100%	부르고뉴	2004	Louis Max	12.50%	750ml	110,000
	프랑스	사쌘뉴 몽라세, 페블리	샤르도네 100%	꼬뜨 드본	2002	J.Faiveley	13.00%	750ml	118,000
	프랑스	샤블리 그랑크뤼 레 블랑쇼	샤르도네 100%	샤블리	2002	Michel Laroche	12%	750ml	165,000
	프랑스	샤블리 프리미어 크뤼 바비용, 루이자도	샤르도네 100%	샤블리	2002	Louis Jadot	13%	750ml	96,500
	미국	로버트 몬다비 샤르도네 리저브	샤르도네 100%	나파밸리	2003	Robert Mondavi	13.50%	750ml	109,000
	미국	오베이션 샤르도네	샤르도네 100%	나파밸리	2001	Wineyards	14.20%	750ml	99,000

Daily Sips

Special Sips

아줌마들의
이유 있는 일탈

기자, PR 전문가, 인터넷 마케팅 솔루션 기획······. 어쩌다 보니 10여 년의 세월 동안 이리저리 기웃거려서 가끔은 나 스스로 나를 어떻게 정의해야 될지 막막해질 때가 있다.

공무원이요, 주부요, 선생님이요, 예술가요 등은 비교적 쉬워 보이는데, 나는 나를 설명하자면 몇 줄을 더 보태야 겨우 이해시킬 수 있으니 그냥 범용적으로 '직장인'이라고 해야 하나. 그래서 나이를 먹을 만큼 먹었어도 여전히 부유하는 느낌이 드는지도 모르겠다. 이런 내가 나를 설명해야 할 필요를 못 느끼는 때가 있으니 바로 고등학교 친구들과 만날 때다. 나이가 아무리 들어도 고등학교 친구들을 만나면 순식간에 현재의 나를 잊고 '고삐리'가 되니 참으로 신기한 '타임머신'이다.

지난해 고등학교 동창 7명이 학교를 졸업한 지 15년 만에 처음으로 함께 안면도로 여행을 갔었다. 80년대 후반에 고등학교를 졸업하고 다들 뿔뿔이 흩어져 학교 다니고 취직하고 결혼하고 애낳고 하느라 다시 모이는 데 무려 15년이라는 긴 세월이 걸린 것이다. 한번 모여서 여행 가자고 해놓고도 시간을 조율하는 데 무려 1년이 걸렸다. 솔로인 나야 그저 MT간다는 심정으로 가볍게 떠날 수 있었지만, 애엄마인 친구들은 이 날을 기다리다 못해 그야말로 '학수고대' 해왔다.

돼지 목살 바비큐가 구워지고 미리 준비해간 와인과 와인 글라스를 테이블에 차려 놓으니 정말 파티가 시작되는 게 실감났다. 공교롭게도 나만 미결혼자이자 직장인이고, 다른 애들은 모두 주부인 탓에 '자유'를 느끼는 감도에도 차이가 났다. 남편과 애로부터 벗어나, 오로지 자기 자신을 위해 즐기는 파티가 시작된다고 생각하니 심지어 '공기에서마저도 자유가 느껴진다'고 할 정도였다.

여자 7명이 모였으니 수다가 빠질 수 있나. 남편 얘기, 애 키우는 얘기, 시어머니, 시동생, 시누이 얘기가 시작되자 마치 용광로 불 뿜듯 콸콸 쏟아져 나왔다. 나야 두세 달을 못 넘기는 시시껄렁한 연애역사 외에 뭐 딱히 할말이 없지만, 주부들이 신경 써야 할 범위는 가히 '우주적'이니 할 얘기로 치면 상대가 안 됐다.

남편 만나기 전 연애나 실컷 해보고 결혼하는 건데 억울하다, 시어머니가 자신을 파출부로 생각하는 것 같다, 남편이 너무 효자라 기대치 맞추기 어렵다, 능력 없는 시동생 돕느라고 허리가 휜다, 큰 아이가 다른 애들이랑 못 어울리고 왕따 당하는 것 같다 등 문제 없는 집 없다더니 하나같이 모두 문제들을 안고 살아가는 듯했다. 얘기의 차원이 워낙 다르니 나로서는 그저 그녀들이 순번대로 돌아가며 쏟아놓는 얘기들을 경청할 수밖에 없었다.

나이 들어 다시 뭉치니 예전엔 못했던 얘기들도 자연스러워졌다. 한 달에 한 번 한다느니, 내 남편은 어떤 걸 좋아한다느니, 아직도 섹스가 왜 좋은지 모르겠다느니, 남편이 하자고 할 때마다 고역이라느니, 분위기 좀 잡을라치면 애가 먼저 알고 칭얼거린다느니 그녀들의 부부생활에도 할 얘기는 넘쳐났다.

아무리 친한 친구 사이라고 해도 이런 얘기를 허심탄회하게 나누기는 생각보다 쉽지 않은 법이다. 물론 나이도 먹을 만큼 먹은 탓이기도 하려니와 적당히 들어간 술기운 탓에 쉽게 얘기가 풀렸던 것이리라.

이날 내가 친구들을 위해 들고 간 와인은 캘리포니아 진판델 로제와 프랑스 메독의 레드 멜럿 와인. 맥주나 소주 외에는 잘 모르는 친구들을 위해 두 가지를 준비해 갔는데 친구들이 특히 로제가 맛있다며 좋아했다. 생각해 보니 우리가 이런 얘기를 나눈 것도 처음 있는 일이었다. 속얘기까지 다 털어놓고 듣고 나니 어느덧 친구들이 정말 '내 인생의 동반자'라는 생각이 들었다.

이날 우리는 새벽녘까지 들고 나는 밤바다 파도 소리를 들으며 머리 위로 쏟아지는 별들을 감상하고 어쩌면 10년 안에 다시 못 올지도 모르는 우리들만의 파티를 만끽했다.

오늘 문득 고등학교 친구들이 그리운가? 그러면 당장 함께 여행계획을 짜 보는 건 어떨까? 와인과 함께 말이다.

초보부터 고수까지
누구에게도 어울리는 멜럿

여럿이 여행을 갈 때는 특별하거나 비싼 와인보다는 대중적 입맛에 맞추는 게 안전하다. 와인 초보자와 와인 애호가, 어느 한쪽에 맞추다 보면 누구도 만족시키기가 어렵기 때문이다. 또한 대부분의 여행시 자는 곳이 펜션이고 바비큐 시설을 갖고 있다는 걸 감안할 때 고기나 해산물(새우 등) 구이가 일반적이니만큼 이에 맞는 와인을 고르는 게 포인트다.

와인 초보자들의 경우 처음부터 드라이 레드를 마시기는 벅차다. 그래서 고기 요리의 경우 로제나 전체적으로 부드러운 풍미를 풍기는 멜럿이 적합하다. 프랑스산 멜럿은 까베르네 쇼비뇽보다 적게 생산되고 유명한 것은 가격이 비싼 편이다. 상대적으로 종류가 많고 많이 생산되는 미국이나 칠레산을 구입하는 게 실속 있다.

새우 등 해산물 요리에는 화이트 와인인 쇼비뇽 블랑을 매치해 보자. 마지막으로 한 가지보다는 서너 가지 다른 종류를 살 것을 추천한다. 이것저것 마셔 보며 자신만의 스타일을 찾아보는 것도 큰 재미다.

멜럿 – 로맨틱 레이스 원피스
부드럽고 여성스러운 디테일이 돋보인다.

멜럿은 엄청난 잠재력을 가지고도 만년 조연으로 무명생활을 오래하던 중, 마침내 기회가 오자 숨은 실력을 보여 세상을 놀라게 한 그런 배우를 닮아 있다. 프랑스가 보르도 와인으로 세계적인 명성을 얻는 동안, 멜럿은 까베르네 쇼비뇽과 까베르네 프랑의 보조자로 터프한 맛을 줄이기 위한 블랜딩용으로만 쓰여 오랫동안 그 진가가 가려져 있었다. 그러다 품종와인을 주로 생산하는 미국 캘리포니아에서 멜럿만으로 와인을 생산, 시장에 내놓자 세상은 이 가려져 있던 멜럿에 비상한 관심을 쏟기 시작했다.

멜럿은 그 자체로 우뚝 섰을 뿐만 아니라, 풍부한 과일향, 특유의 우아하고 부드러운 매력으로 화이트 애호가들을 레드로 끌어내는 큰 역할을 하기도 했다. 미국의 한 시사 프로그램에서 와인이 심장질환을 예방한다는 내용을 방영한 이후, 레드에 관심을 쏟기 시작하면서 사람들이 찾기 시작한 것이 바로 부드러운 레드였고 멜럿은 그 최상의 해답을 제시했다.

전체적으로 가볍고 부드러운 느낌을 주는 와인으로 장기보관보다는 단기에 가깝다. 그러나 최정상급 산지에서 생산된 멜럿은 풀바디하고 이런 와인은 장기 보관할 수 있다.

멜럿은 진흙 토양인 프랑스 보르도의 Right Bank, 쌩떼밀리용 Saint-Emilion과 뽀므롤Pomerol이 세계적으로 유명한 산지이다. 쌩떼밀리용 지역에서는 샤또 슈발 블랑Ch. Cheval Blanc과 샤또 오존느Ch.

Ausone가 메독의 그랑크뤼급이다. 또한 샤또 퓌작Ch. Figeac과 샤또 발랑드로Ch. Valandraud 등도 우수한 등급의 와인이다.

뽀므롤 지역은 다른 보르도 지역과 같은 등급은 없으나, 유명한 와인으로는 샤또 뻬트뤼스Ch. Pétrus가 있다. 이 지역은 샤또의 규모가 워낙 작아 생산량이 적고 이로 인한 희소가치로도 명성이 나 있다. 특히 샤또 뻬트뤼스는 보르도 지역에서 가장 값이 비싼 것으로 알려져 있다.

기타 지역으로는 이탈리아 베네토, 미국 캘리포니아, 콜럼비아, 소노마 밸리, 칠레 센트럴, 마이포 밸리 등에서도 생산된다.

멜럿 품종만으로 만드는
뻬트뤼스

· Dry : 랍스베리, 체리, 블랙베리 등 풍부한 과일향으로 스위트하게 느껴질 수 있으나 드라이하다.

· Smooth : 레드 다른 품종에 비해 산도가 적어 부드럽게 느껴진다.

· Medium-bodied : 까베르네 쇼비뇽을 블렌딩한 와인의 경우 풀바디하고, 그렇지 않다면 대부분은 미디엄 바디하다.

· Light~ medium tannins : 껍질이 얇아 태닌이 적어 부드럽게 느껴진다.

Ten Minutes Lesson

와인 컬러의 비밀

자, 여기에 두 잔의 와인이 있다. 한 잔은 갈색에 가까운 색을 띠는 와인이고, 다른 한 잔은 빛도 투과되지 않을 정도로 진한, 퍼플에 가까운 레드가 있다고 하자. 당신은 어느 잔을 먼저 맛보고 싶은가? 마시는 즐거움뿐 아니라 보는 즐거움을 주는 와인. 빠져들 듯 숨막히게 붉은 레드 와인은 그 자체로 황홀한 아름다움을 선사한다. 그러나 컬러의 깊이는 단순한 색깔의 차이를 넘어 와인에 특별한 스타일을 만들어 줄 뿐 아니라, 장기 숙성 가능 여부를 결정짓는 중요한 지표가 되기도 한다. 안토시아닌 뿐 아니라 태닌도 껍질에 많은데 실제 태닌이 많을수록 장기 보관할 수 있기 때문이다. 과연 와인 컬러에는 어떤 비밀이 숨어 있을까?

일반적으로 잘 익은 포도는 어두운 색을 띠는데, 이는 포도 껍질에 있는 안토시아닌이라는 색소 때문이다. 안토시아닌은 과일이나 식물 등에서도 흔히 볼 수 있는 색소로, 와인에 있어서는 품종이나 기후조건, 재배 기술에 따라 그 정도가 다르게 나타난다.

인간의 세계에서도 인종별로 다른 스킨 컬러를 갖고 있듯, 포도도 품종마다 안토시아닌 함유량이 다르다. 시라/쉬라즈나 까베르네 쇼비뇽이 색소가 많은 품종이라면, 피노 누아나 네비올로 (바롤로/바르바레스코 지역)는 유전적으로 색소가 적다.

그러나 와인도 엄연한 상품이고, 과거에 비해 진한 컬러를 선호하는 소비자들이 늘어나면서 포도 품종의 유전적 한계를 극복하기 위한 와인 생산자들의 기술도 더불어 발달하고 있다. 포도로부터 컬러를 추출해 내는 일반적 방법으로는 펌핑오버Pumping Over (발효시 탱크에 들어간 포도 알맹이와 껍질은 분리되면서 껍질은 위로 뜨고 알맹이는 아래쪽에 가라앉는다. 이를 방지, 골고루 섞이게 하기 위해 아래쪽의 와인을 펌프를 이용, 위쪽에 뿌려주는 과정)가 있는데, 이외에도 다양한 방법들이 동원되고 있다.

한 예로, 과거에는 당도에 따라 수확시기를 결정했다면 최근엔 포도 스킨 컬러가 수확시기의 결정요소가 되고 있다. 수확량을 줄이기도 한다. 안토시아닌이 생성되려면 충분한 햇빛이 필요한데 포도 열매가 너무 많거나 가지들이 무성하면 이를 방해하기 때문이다. 포도알이 차가운 이른 아침에 수확해 포도 속에 있는 효소가 껍질 세포를 더 분해하도록 유도, 더 진한 컬러를 얻기도 한다.

더 좋은 컬러를 얻기 위해 품종을 배합하고 다양한 기술이 적용된다 하더라도 일단 병입된 와인은 시간이 지남에 따라 연해진다. 또한 색깔 변화의 속도는 품종별 화학구조에 따라 천양지차인데, 프랑스 보르도의 그랑크뤼급 와인들은 몇 십 년이 지나도 진한 루비 컬러를 잃지 않으나, 보졸레 누보 같은 경우 수개월 후부터 색깔이 변하기 시작한다.

가장 경계해야 할 색깔은 영 와인이면서 갈색을 띠는 것으로, 이는 산화의 징조다. 일반적으로 블렌딩 와인은 한 가지로 만든 와인에 비해 불투명하다. 시간이 지나면서 진한 색소를 가진 레드 영 와인은 거의 블랙에 가까운 퍼플을 띠며 불투명해지고, 연한 색소를 가진 레드 영 와인은 붉은 톤을 띤다. 쉬라즈에서 많이 볼 수 있는 잉크 퍼플Inky Purple은 시간이 지나면서 루비색이나 벽돌색으로 변한다.

너무 오래된 레드는 마치 물을 탄 듯한 색깔로 변하거나 산화되어 갈색을 띤다. 오렌지나 갈색을 띠는 영 와인은 너무 더운 곳에 저장됐거나 이동(높은 온도는 산화를 촉진시킨다)시의 적절치 못한 환경으로 인해 변색된 것이다.

눈으로만 보는 컬러에도 시각적 변별력뿐 아니라 이처럼 다양한 정보를 담고 있다. 진하고 선명한 컬러에 더 많은 시선이 가는 것은 오래 살아남는 강한 유전자에 대한 무의식적 애정 표시가 아니었을까?

명문가의 피를 수혈한 신세계 와인들

알마비바

오퍼스 원

전통과 새로운 시도는 공존하기 어려운 양날과도 같다. 와인의 역사가 먼저 시작된 유럽은 오랜 전통이 유산인 반면, 전통에 발목 잡혀 새로운 시도가 어려웠다. 반면, 훨씬 늦게 와인 산업을 시작한 신세계는 전통은 빈약하지만 자본과 기술을 바탕으로 한 새로운 시도를 통해 발전해 왔다.

특히 프랑스는 1855년에 와인 등급이 정해진 이후 와인 등급이 한번도 변동된 적이 없는데, 전통과 명예는 지킬 수 있지만 새로운 시장의 요구에 기민하게 움직일 수 없는 난제를 안고 있었다. 그 사이 미국을 비롯한 신세계들은 프랑스가 장악했던 시장을 맹렬히 추격하기 시작, 프랑스의 아성을 위협하기에 이르렀다.

이에 프랑스의 많은 와인 사업자들이 칠레를 비롯한 신세계로 눈을 돌리며 시장 개척에 나서는 한편 새로운 시도들을 적용하기

시작했다. 전통과 새로운 시도가 접점에서 만난, 명문가의 피를
수혈한 신세계 와인들을 소개한다.

프랑스 투자자	국가	신세계 와이너리	대표 와인
샤또 무통 로칠드 (Ch. Mouton-Rothschild)	미국	로버트 몬다비 (Robert Mondavi Winery)	오퍼스원(Opus One)
바롱 필립 드 로칠드 (Baron Philippe de Rothschild)	칠레	꼰차이 이 또로 (Concha y Toro)	알마비바(Almaviva)
샤또 꼬스 데스뚜르넬 (Ch. Cos dEstournel)	칠레	도메인 폴 브루노 (Domaine Paul Bruno)	폴 브루노(Paul Bruno)
샤또 마고(Ch.Margaux)			
도멘 라피트 로칠드 (Domaines Lafite Rothschild)	칠레	비냐 로스 바스꼬스 (Vina Los Vascos)	리제르바 데 화밀리아 (Reserva de Familia)
그랑 마르니에 (Grand Marnier)	칠레	까사 라뽀스똘레 (Casa Laspostolle)	까사 라뽀스똘레 끌로 아팔타 (Casa Laspostolle Clos Apalta)
도멘 라피트 로칠드 (Domaines Lafite Rothschild)	칠레	산따 리따(Santa Rita)	까사 레알(Casa Real)
비냐 로스 바스꼬스 (Vina Los Vascos)			

구분	생산국	이름	품종	생산지	빈티지	생산자	알코올 도수	용량	소비자 가격
	프랑스	지네스테 쌩떼밀리옹	멜로 70% 까베르네 프랑 20% 까베르네 쇼비뇽 10%	쌩떼밀리옹	2004	Ginestet	12.50%	750ml	33,000
	프랑스	무똥 까데 레드	멜럿 55% 까베르네 소비뇽 30% 까베르네 프랑 15%	보르도	2003	Baron Philippe de Rothschild	12%	750ml	32,000
	미국	시에라 밸리 멜럿	멜럿 100%	캘리포니아	2005	E&J Gallo	13.50%	750ml	13,000
	미국	투바인스 멜럿, 컬럼비아 크레스트	멜럿 100%	컬럼비아 밸리	2000	Columbia Crest Winery		750ml	19,000
	미국	우드 브리지 멜럿	멜럿 100%	캘리포니아	2004	Robert Mondavi	13.60%	750ml	22,000
	미국	레드우드 크릭 멜럿	멜럿 100%	캘리포니아	2002	E&J Gallo	13%	750ml	23,000
	미국	그랜드 이스테이트 멜럿	멜럿 98% 까베르네 소비뇽 2%	워싱턴	2000	Columbia Crest Winery		750ml	29,000
	미국	로버트 몬다비 프라이 빗 셀렉션 멜럿	멜럿 97% 카타 3%	코스탈	2004	Robert Mondavi	13.30%	750ml	38,000
	미국	빈트너스 리저브 멜럿	멜럿 99% 까베르네 프랑 1%	캘리포니아	2002	Kendall Jackson	13.70%	750ml	55,000
	미국	로버트 몬다비 멜럿	멜럿 92% 까베르네 프랑 5% 말벡 2% 까베르네 쇼비뇽 1%	나파밸리	2003	Robert Mondavi	13.50%	750ml	66,000

구분	생산국	이름	품종	생산지	빈티지	생산자	알코올 도수	용량	소비자 가격
	미국	캔우드 소노마 멜럿	멜럿 94% 까베르네 소비뇽 6%	소노마 밸리	2003	Kenwood	14.10%	750ml	68,000
	호주	로손 리트리트 멜럿	멜럿 100%	호주 남부	2004	Penfolds		750ml	24,000
	호주	이글호크 멜럿	멜럿 100%	바로사 밸리	2005	Wolf Blass		750ml	24,000
	호주	제이콥스 크릭 멜럿	멜럿 100%	바로사 밸리	2004	Orlando Wyndham	13.90%	750ml	25,000
	호주	린드만 리저브 까베르네 멜럿	까베르네쇼비뇽 / 멜럿	호주 남부	2003	Lindemans	13.50%	750ml	30,000
	호주	윈담 에스테이트 빈 888	까베르네 소비뇽 / 멜럿	헌터밸리	2003	Orlando Wyndham		750ml	30,000
	칠레	깔리떼라 멜럿	멜럿 85% 까베르네쇼비뇽 9% 말벡 2% 쉬라 4%	샌트럴 밸리	2004	Caliterra	14%	750ml	16,000
	칠레	바롱 필립 멜럿	멜럿 100%	샌트럴 밸리		Baron Philippe de Rothschild	13%	750ml	19,500
	칠레	35 사우스 멜럿	멜럿 100%	샌트럴 밸리	2005	San Pedro	13%	750ml	23,000
	칠레	까시제로 델 디아블로 멜럿	멜럿 100%	라펠 밸리	2004	Vina Concha y Toro		750ml	20,500

● Wine List

Special Sips

구분	생산국	이름	품종	생산지	빈티지	생산자	알코올 도수	용량	소비자 가격
	칠레	몬테스 알파 멜럿	멜럿 100%	큐리코 밸리	2004	Montes		750ml	38,000
	프랑스	바롱 필립 컬렉션 쌩떼밀리옹	멜럿 80% 까베르네 소비뇽 12% 까베르네 프랑 8%	쌩떼밀리옹	2002	Baron Philippe de Rothschild	12.50%	750ml	92,000
	미국	조셉 펠프스 멜럿	멜럿 100%	나파밸리	2002	Joseph Phelps Vineyards		750ml	95,000
	미국	쉐이퍼 멜럿	멜럿 까베르네 소비뇽 카베르네 프랑	나파밸리	2003	Shafer Vineyards	13.50%	750ml	110,000
	미국	스택스립 와인 셀러 멜럿	까베르네 소비뇽 멜럿		1999	Stag's Leap Wine Cellars		750ml	98,000

뻔한에서 Fun한 시간으로의 즐거운 변화

남자들의 회식 자리에서의 '왕 소심'을 보여주는 거짓말 같은 실화가 있다. 한 남자 후배가 남자들만 우글대는 건설회사에 입사한 지 얼마 안 됐을 때의 일이다. 어느 날 팀장이 격무에 시달리는 팀원들을 격려하려고 함께 중식집에 갔다. 물론 팀장이야 "먹고 싶은 거 맘대로 시켜"라고 말했으나 어디 현실은 그럴 수 있나. 점심 자리였으니 요리 두어 개를 시키고 나머지는 면을 먹기로 간단히 합의(?)를 봤다.

그런데 이 후배, 이날 따라 어제 마신 술 때문에 느끼한 짜장면 대신 해산물이 먹고 싶어졌다. 해산물이 비싸니 그나마 '팀장의 심기'를 고려하여 비슷한 가격선인 '삼선짬뽕'을 주문했는데, 문제는 이때부터 발생했다. 요리(이것도 팀장이 골랐다)야 여럿이 나눠먹는 것이니 상관없었으나, 팀장 이하 다른 사람들은 모두 똑같이 짜장면을 시켰는데 혼자만 삼선짬뽕을 시키는 '용감무쌍'을 감행한 것이다.

이후 이 후배에게는 '이유를 알 수 없는 잔업'과 '각종 잔심부름'들이 쏟아졌다. 뭘 밉보였나 싶어 고민도 많이 했다는데, 상당한 시간이 흐른 후에 파악한 사실인즉 그날

120

중식집에서 나오면서 팀장이 '삼선짬뽕 시킨 애 이름이 뭐냐'고 묻더라는 것. 이 남자 후배는 회식 얘기만 나오면 아직도 '거품 물며' 그날의 참변을 토로하고, 그날 이후로 지금까지 '회식 기피 증후군'에 시달리고 있다.

샐러리맨들에게 회식은 고달픈 업무 스트레스를 풀 수 있는 유일한 유흥 티켓이다. 그러나 안타깝게도 매번 '이번엔 좀 색다른 메뉴로 해볼까'의 기대감으로 시작했다가 결국 '그 나물에 그 밥'으로 전락, 똑같은 레파토리에서 벗어나지 못하는 게 현실이다. 변하지 않은 레파토리에 한몫 단단히 한 일등공신도 있다. 회식메뉴의 영원한 파트너 삼겹살. 삼겹살처럼 사랑받는 온 국민 열광 회식메뉴가 과연 후대에는 나올까?

온 나라를 지배하고 있는 웰빙에도 불구, 제왕자리는 여전히 삼겹살과 소주가 굳건히 지키고 있으니 말이다. 직장인뿐 아니다. 한 대형 마트에서 한해 동안 가장 많이 팔린 품목을 조사했더니 그 역시 쌀을 제치고 삼겹살이 차지했단다. 가히 대한민국은 '삼겹살 천국'이다. 색다른 회식은 고사하고 세월과 함께 느는 건 주름만이 아니다. 어릴 때는 마냥 기다려지던 것이 회식이었는데, 연차가 높아갈수록 회식은 즐거운 유흥이라기 보다는 심적 부담과 숙취가 현실로 다가오는 후유증 많은 '두통거리'다.

그런가 하면 이런 척박한 풍토를 비집고 '회식 문화 일대 변혁'의 기치를 내걸고 '개혁'을 시도하는 이들이 많아지고 있다 하니 참으로 반가운 일이다. 일부이기는 하지만, 공연이나 영화도 구경가고 삼겹살집 대신 테마가 있는 맥주집이나 와인바도 인기란다. 물론 들어보나마나 뻔한 결과이지만, 이런 변화의 선봉에는 언제나 똑똑한 여자들이 있는 법이다. 그저 '먹고 마시는' 것이 목적인 '화성에서 온 그들'의 사고 구조에서 이런 변화를 기대한다는 건 애당초 가당치 않기 때문이다. 똑똑한 여자들이 세상으로 많이 나온 덕에 '끝을 봐야 직성이 풀리던' 그들의 세계도 조금씩 금이 가고 있는 것이다.

명분보다는 실속을, 뻔함 대신 'Fun' 한 회식을 원한다면 목소리를 높여야 한다. 단, 뭘 먹을지, 뭘 마실지 플랜을 짠 후에 적극적으로 변화를 시도해야 한다. 술이 빠지지 않는 회식 자리, 우아하고 아름다운 '마무리'를 가능케 해주는 와인으로 대체하는 것부터 시작해 보는 게 어떨까?

알코올 도수가 낮은 시라/쉬라즈
삼겹살을 위한 선택

무릇 변화는 가랑비에 옷 젖듯이 이뤄져야 저항이 적은 법이다. 여자들끼리 가는 회식 자리라면 변화 시도는 훨씬 쉽다. 그러나 남자 동료들이 많은 자리라면 함께 즐길 수 있는 배려가 필요하다. 삼겹살이 아직까지도 주 회식메뉴이니만큼 소주 대신 어울리는 와인을 살펴보자.

일반적으로 육류는 레드 와인과 잘 어울리는데 레드 와인의 탄닌이 육류의 기름기와 짙은 맛을 잘 조절해 주기 때문이다. 삼겹살은 고추장 주물럭이나 수분이 많은 갈비찜 등과는 달리 고기만 구워먹는 육류다. 고기만 먹는다면 멜럿이나 피노 누아도 잘 어울리겠지만 삼겹살은 상추와 같은 야채, 쌈장, 고추장 등 자극성 음식과 함께 먹기 때문에 시라/쉬라즈가 더 제격이다.

다만, 알코올 도수가 너무 높은 것은 고기와 함께 먹을 경우 더 묵직하게 느껴지므로 되도록이면 도수가 낮고 탄닌이 적은 것이 적합하다. 쉬라즈의 경우 알코올 도수가 높은 것은 14.5도에 이르는 것도 있으니 조금 낮은 도수를 선택한다.

리슬링
매운 소스를 가진 음식을 위한 선택

함께라서 더욱 좋다

우리나라 음식은 유난히 '장' 요리가 많다. 그 중에서도 특히 여자들은 매운맛과 매우 각별하다. 입맛을 잃었을 때 특효약이자 화났을 때 성난 감정을 잠재우는 데 고추장만한 게 없기 때문이다. 초등학교 이전부터 떡볶이에 길들여진 매운맛에 대한 애정은 나이 들어서도 결코 대체되지 않는다. 낙지볶음, 쭈꾸미볶음, 고추장떡, 닭갈비, 골뱅이무침, 불닭발, 오징어덮밥 등 간식에서 안주, 한끼 식사에 이르기까지 고추장 요리 퍼레이드는 실로 무궁하다.

매콤한 요리와 잘 어울리는 와인으로는 리슬링이 있다. 리슬링은 프랑스 알자스 지방과 독일 모젤 등이 주요 산지이나, 알자스산은 드라이한 편이고 독일산은 약간 스위트하다.

따라서 회식메뉴를 매콤한 요리로 선택했다면 매운맛과 잘 어울리는 독일산 리슬링을 추천한다. 달콤하고 산도가 높은 리슬링이 매운 맛은 줄여주고 입안에 남은 강한 여운을 효과적으로 없애 좋은 궁합을 이룬다.

A Talk Break

BYOB

회식 자리에 와인을 갖고 가기 힘들다고 생각하는가? 물론 쉽지는 않다. 그러나 세상이 좋아지고 와인 애호가들이 많아지면서 식당에 와인을 갖고 가는 걸 용인해 주는 곳이 생겨나고 있다. BYOB은 Bring your own bottle이라는 뜻으로, 서양문화에서는 파티 등에 초대받았을 때 BYOB라고 쓰여 있으면 자신이 마실 술을 갖고 가는 걸 의미한다.

와인을 마시자면 와인잔과 코르크 스크류가 필요한데 고급 레스토랑에서는 이 모든 걸 제공하는 대신, 이에 대한 값을 받는 서비스를 제공하는데 이것이 콜키지(Corkage Charge)다. 일률적으로 정해져 있는 값은 없으나 대개는 몇 만원 이내다. 그랜드 인터컨티넨탈, 소공동 롯데호텔 등에서는 손님을 끌기 위해 특정날에 한해 콜키지를 면제해 주기도 한다. 와인 애호가 커플이라면 이용해 봄직한 정보다.

그러나 회식을 위해 가는 일반 식당에서 이런 서비스를 받기는 현실적으로 어렵다. 대신, 단골을 유치하고자 애쓰는 서비스 정신이 투철한 식당이라면 얼마든지 주인과의 '합의'가 가능하다. 잔과 코르크 스크류를 회식 전에 준비하고 마실 와인도 회사 근처 와인샵에서 미리 구매해 둔다. 단골집이라면 훨씬 편한 분위기에서 즐길 수 있고, 말만 잘하면 콜키지를 주지 않아도 되지만 배려를 위해 조금은 건네고 오는 매너는 있어야 할 듯. 단, 와인을 전문적으로 취급하는 와인바에 직접 구매한 와인을 들고 가는 건 결례다.

또한 고급 호텔이든 일반 식당이든 BYOB를 이용할 경우, 옆 테이블에 지장을 주거나 요란을 떠는 행위를 자제하는 것도 와인 애호가들이 갖춰야 매너임을 잊지 말자.

콜키지 Free 음식점 리스트

출처 : 스포츠칸/중앙일보

강남

· 대치동 '화로화'
주말 무료. 이 집 양갈비와 묵직한 이탈리아 와인을 곁들이면 황홀하다. 낚지 볶음밥 '깜밥' 이 맛나다. 네이버 '와인카페' 와 '와인엔조이' 회원들에게는 평일에도 마음을 열어 놓고 있다. 잔도 잘 갖춰져 있다. (538-4455)

· 베스파
서울특별시 신천동 홈플러스 4층의 '베스파' 는 국내 최초로 대형마트에 입점한 와인바다. 마트에서 판매되는 와인 가격에 콜키지 9900원을 추가한 값에 와인을 즐길 수 있다. 매주 월요일은 '콜키지 프리 데이' 이다. 베스파의 '와인플라이트(Wine Flight)는 서로 다른 3∼4종류의 와인을 패키지로 묶어 잔으로 파는 독특한 서비스다. 병째 주문하는 것이 부담스러운 사람들에게 인기. 음식은 타파스 4,000∼7,000원대, 파스타&피자 1만원대. 영업시간 오전 11시∼밤 12시. (412-3688)

· 프리바다
강남 신사동의 프리바다는 와인바이지만 손님이 와인을 가져갈 수 있다. 대신 글라스당 5,000원씩의 사용료를 내야 한다. 국내 유명 수입사가 운영하는 곳이라 판매되는 와인 가격도 저렴한 편이며 각종 구이류와 파스타류, 4만원대의 양갈비를 포함한 육류 요리도 맛있다. 토요일에 콜키지가 없으나 몇 가지 조건들이 있으므로 예약시 확인할 필요가 있다. 영업시간 오후 6시∼새벽 2시. (548-6363)

· 개화옥
불고기, 보쌈 등을 파는 한식 레스토랑 개화옥은 연중무휴로 24시간 문을 연다. 한식과 함께 와인을 즐기는 문화가 확산돼 와인을 들고 오는 손님들도 많아졌다고. 와인에 대한 콜키지는 없으나 와인글라스 사용료를 받고 있는데 글라스 1개당 3,000원이다. (압구정점 549-1459)

· 올림픽공원 인근 와규전문점 '미우미우'
질 좋은 고기를 구우며 한 병 가져가면 맛있게 즐길 수 있다. (425-2581)

· 이탈리아 레스토랑 '아에모 에 나디아'
샴페인이나 화이트 와인을 가져가면 아이스 버킷까지 친절하게 서비스해 준
다. (서초점 523-6588, 잠실점 2144-0295~6)

· 동남아 요리 전문점 청담동 '차타마린'
직접 사서 마셔도 와인 값이 '친절' 하다. (540-0199)

강북

· 아이모 에 나디아
콜키지 없음. 이탈리아 유전 레스토랑. 서초점으로 시작. 좋은 반응
을 얻어 잠실점과 목동점까지 열었다. 테라스가 있는 서초점은 결혼
피로연까지 가능하다. 유럽풍 인테리어가 돋보이는 고급 레스토랑이
다. 파스타류가 2만원대, 스테이크류 3만~4만원대. 영업시간 오후 6시~새벽
2시. (서초점 2144-0296, 목동점 2061-0223)

· 홍대앞 이탈리안 레스토랑 '치뽈리나'
연중 무료. (337-5461)

· 와인바 겸 숍 '비나모르'
와인을 숍가격으로 사서 즉석에서 마실 수 있는 장점이 있다. (324-5152)

호텔

· 소공동 롯데 '바인'
월, 토요일 면제. (317-7151~2)

· 인터컨티넨탈 '그랑카페'
토, 일요일 저녁만 가능. 평일에는 5만원. (559-7614)

시라/쉬라즈(Syrah/Shiraz) –
코르셋 바이올렛 드레스
이국적 마력에 끌리다.

시라 와인의 대표격인
크로즈 에르미따주, 이 기갈

시라와 쉬라즈는 표현이 다를뿐 같은 품종이다. 프랑스 론^{Rhône}지역에서는 시라로 불리고, 호주에서는 쉬라즈라고 부른다. 같은 품종인데 왜 이름이 달라졌을까? 같은 포도 품종이라도 지역에 따라 달리 부르는 사례는 종종 있는데, 쉬라즈는 고대 페르시아의 와인 산지였던 쉬라즈에서 이름을 빌려왔을 거라는 설이 있지만 확인되지는 않았다. 론 지역은 지리적으로 이탈리아와 가깝고 와인 스타일도 이탈리아와 비슷하다. 오래전 로마 사람들이 론 밸리 근처에 정착, 포도밭을 조성해서 와인을 만든 역사를 갖고 있다.

그래서일까? 시라를 마실 때면 독특한 이국적 매력을 가진 모니카 벨루치가 연상된다. 한번 보면 절대 잊을 수 없는 마력에 가까운 흡입력을 가진 그녀처럼 시라 역시 오래도록 여운을 준다.

프랑스 내에서 론은 상대적으로 더운 지역에 속해 이곳 와인은 알코올 도수도 높고 태닌도 높다. 대표적인 A.O.C.는 꽁드리유 Condrieu, 에르미따주Hermitage, 크로즈 에리마따주Crozes-Hermitage, 쌩 조세프St-Joseph 등이 있다. 이탈리아는 시칠리아에서, 신세계권에서는 호주, 미국의 캘리포니아, 워싱턴주, 칠레에서 재배된다.

호주 등에서 재배되는 쉬라즈는 묵직한 바디, 독특하고 견고한 질감, 강한 부케 등으로 우리나라 사람들에게 인기가 좋다.

· Aroma & Bouquet : 블랙베리, 체리, 블루베리, 건포도, 후추, 스파이시한 향이 나며 코코넛, 달콤 쌉싸름한 초콜릿 부케가 난다.

· Dry : 시라는 기본적으로 드라이하다. 그러나 호주나 신세계의 쉬라즈 등은 잔당의 영향으로 상대적으로 스위트하게 느껴지기도 한다.

· Bright to Smooth : 프랑스나 미국 워싱턴 주의 시라는 산도가 높은 편으로 산뜻하게 느껴지지만, 호주나 캘리포니아처럼 더운 지역의 와인은 산도가 낮아 부드럽게 느껴진다.

· Medium~ full-bodied : 프랑스 론 뿐만 아니라 호주나 기타 신세계 지역에서 나는 시라/쉬라즈는 알코올 함량이 높아 묵직한 느낌을 준다.

· Medium~ strong Tannins : 포도 껍질이 검고 두꺼운 편이며 이로 인해 강한 태닌을 만든다.

셍헨리 시라즈, 펜폴즈, 호주

론 와인의 이해

론 지역은 북쪽과 남쪽으로 나눠지는데, 북쪽은 시라를 주 품종으로 생산하며, 남쪽은 여러 가지 품종을 혼합한다. 론 와인에 공식적인 등급은 없다. 그러나 보르도와 부르고뉴와는 구분되는 론 지역만의 스타일을 갖고 있다. 보르도가 클래식하고 부르고뉴가 우아하다면 론은 자유분방한 느낌을 준다.

Vallée du Rhône

북부 론

· 꼬뜨 로띠(Cote Rôtie) : 우아하고 스모키한 스타일로 시라로 만든 세계 최고의 와인을 생산한다.

· 꽁드리유(Condrieu) : 비오니에(Viognier) 품종을 재배하고 론 최고의 화이

트 와인을 만든다.

- 쌩 조세프(St-Joseph) : 시라로 만든 스모키 스타일 레드 와인을 만든다.

- 크로즈 에르미따주(Crozes-Hermitage) : 에르미따주 이웃 지역으로 시라를 주고 재배하고 맛이 진하고 풍부한 레드 와인을 만든다.

- 에르미따주(Hermitage) : 시라의 메카격이며 진하고 풍부한 와인을 만든다.

샤뿌띠에 보레보아 로제

남부 론

- 따벨(Tavel) : 프랑스에서 가장 유명한 로제를 생산한다. 그르나슈(Grenache)를 주 품종으로 만들며 묵직하다.

- 샤또네프 뒤 빠쁘(Châteauneuf-du-Pape) : 남부 론의 대표격으로 주로 그르나슈로 만들며 레드는 스파이시하고 묵직하나 북부 론 보다는 부드럽다. 화이트는 묵직한 풀바디 스타일을 만든다. 교황의 여름별장이 있었던 역사적 배경이 더해져 가격이 비싼 편이다.

- 지공다스(Gigondas) : 그르나슈에 여러 품종을 혼합해 레드와 로제를 만든다. 레드 와인은 좋은 평을 받고 있다. 고가의 샤또네프 뒤 빠쁘의 대체격이다.

- 꼬뜨 뒤 론(Côte du Rhône) : 론 지방 전체를 커버하지만 주로 남부 론에서 나오는 것을 의미한다. 레드와 화이트, 로제가 있고 가장 경제적인 와인이다.

샤또네프 뒤 빠쁘 레드

구분	생산국	이름	품종	생산지	빈티지	생산자	알코올 도수	용량	소비자 가격
	프랑스	꼬뜨 뒤 론	시라 50% 그르나슈 50%	론	2003	M. Chapoutier	13%	750ml	29,000
	프랑스	꼬로즈 에르마타쥬, 이 기갈	시라 100%	북부론	2002	E.Guigal	13%	750ml	51,000
	프랑스	꼬뜨 로띠 레 쥐멜	시라 / 비오니에	북부론	2002	Paul Jaboulet Aine		750ml	88,000
	호주	살트램 메이커스 테이블	쉬라즈 100%	바로사 밸리	2003	Saltram Estate		750ml	18,000
	호주	빈 50 쉬라즈	쉬라즈 100%	호주 남부	2005	Lindemans	13%	750ml	22,000
	호주	펜폴즈 쉬라즈 까베르네	쉬라즈 / 까베르네 소비뇽	호주 남부	2003	Penfolds		750ml	24,000
	호주	바로사 쉬라즈 살트램 에스테이트	쉬라즈 100%	바로사 밸리	2002	Saltram Estate		750ml	29,000
	호주	윈담 에스테이트 빈 555 쉬라즈	쉬라즈 100%	헌터 밸리	2003	Orlando Wyndham	14%	750ml	30,000
	호주	우드 커터스 쉬라즈	쉬라즈 100%	바로사 밸리	2004	Torbreck	14.50%	750ml	48,000
	호주	프레지던트 쉬라즈	쉬라즈 100%	바로사 밸리	2004	Wolf Blass		750ml	59,000

Daily Sips

132

구분	생산국	이름	품종	생산지	빈티지	생산자	알코올 도수	용량	소비자 가격
	호주	헌터밸리 쉬라즈	쉬라즈 100%	호주 남부	1998	Lindemans	13%	750ml	60,000
	호주	제이콥스 크릭 리저브 쉬라즈	쉬라즈 100%	바로사 밸리	2001	Orlando Wyndham	14%	750ml	60,000
	호주	빈 128 쿠나와라 쉬라즈	쉬라즈 100%	호주 남부	2002	Penfolds		750ml	66,000
	미국	스모킹 룬 시라	시라 100%	캘리포니아	2003	Don Sebastiani&Sons	13,80%	750ml	25,000
	미국	헤스 셀렉트 시라	시라 90% 쁘띠 시라 10%	나파 밸리	2002	Hess Collection Winery		750ml	43,000
	미국	끌로 뒤 부아 시라	시라 100%	소노마 카운티	2002	Clos du Bois	13,80%	750ml	51,000
	칠레	몬테스 알파 시라	시라 90% 까베르네 소비뇽 10%	콜차쿠아 밸리	2002	Montes		750ml	49,000
	프랑스	꼬뜨 로띠, 이 기갈	시라 / 비오니에	북부론	2001	E.Guigal	13%	750ml	169,000
	호주	쌩헨리 쉬라즈	쉬라즈 / 까베르네쇼비뇽	호주 남부	2001	Penfolds		750ml	140,500
	칠레	몬테스 폴리 시라	시라 100%	콜차쿠아 밸리	2002	Montes		750ml	155,000

Daily Sips

Special Sips

행복을 부르는 신고식

집들이를 하려고 하는데,

주메뉴는 돼지갈비찜으로 정했어요.

여기에 뭘 덧붙이면 좋을까요?

찌개? 쌈? 김치?

꼭 넣으면 좋을 듯한 메뉴를 골라 주세요.

물론 준비하기 수월한 걸로^^

결혼한 신혼부부의 첫 공식 집들이. 신부에게 있어 집들이는 실로 부담백배의 통과 관문이다. 뷔페를 한다느니, 친정 어머니가 도와준다느니, 친구가 도와준다느니 해도 행여 '별로'였다는 말을 들을까 노심초사하기 마련이다.

세상이 좋아져서 집들이 음식도 다 알아서 해주는 업체가 성행이란다. 수없이 많은 집에 초대받아 가봤지만, 막상 장만하려면 막막한 게 바로 집들이 음식인지라 어떤 음식들을 제공하는지가 궁금해졌다.

이리저리 찾아본 결과, 주요 요리는 크게 해산물과 육류요리로 갈라진다. 해산물로는 회와 해물탕, 해물냉채 등이고, 육류요리로는 갈비찜, 불고기, 갈비구이 등이 주로 선택된다. 그 외 닭도리탕과 낙지볶음, 탕수육 등도 자주 등장하는 메뉴다.

어느 것이 더 우선순위라고 할 수는 없으나 대체적으로 음식 그 자체보다는 '술' 마시기 좋은 음식 위주로 구성하는 것이 '한국식 집들이 메뉴'이다.

남편 친구나 직장 동료들 외에 집안 식구들을 초대해도 상황은 크게 다르지 않다. 연령별로 좋아하는 음식을 나누기도 난감한 문제여서 어른들을 초대한다 해도 주요 메뉴와 술에서 크게 벗어나지 않는다.

굳이 더 보태자면 여자들은 '음식'에 더 집중하는 편이고, 남자들은 '술'을 더 선호하는 것이 일반적이다. 양쪽을 다 만족시키자면 끝이 없으니 대개는 '잘했다' 소리보다는 '크게 실패하지 않는' 쪽을 선택하는 것 또한 현실이다.

또 한가지 짚자면 집들이와 관련해 음식을 준비하는 사람 못지 않게 초대를 받은 사람 역시 상당한 부담을 느낀다. 검색창에 '집들이'를 쳤더니 끝을 알 수 없는 페이지가 모두 집들이 선물 고민을 올려놓은 글들이다. 집주인의 성향을 알거나 필요한 아이템에 대한 사전정보가 없는 이상, '세제와 휴지'를 제외하고는 딱히 좋은 아이템이 안 떠오른다. 흔한 세제와 휴지는 받는 쪽도 별로 달가워하지 않으니 이것 역시 '부담 백배'의 고민이다.

집들이를 준비하는 사람과 초대를 받은 사람, 모두가 함께 즐길 수 있는 좋은 아이디어는 없는 걸까?

집들이를 준비하는 입장에서 요리 메뉴를 바꾸기엔 노력의 총량이 커진다. 요리 솜씨가 좋은 이가 아니고서는 술로 '승부'를 보는 쪽이 좀 더 쉽다. 그런데 우리나라에서 집들이용 술이라고 하면 매운탕, 회에 관계없이 소주가 첫 번째 선택이고, 소주를 못 마시는 사람을 위해 차선책으로 선택되는 게 맥주다. 그러나 엄밀히 말해서 집들이용 음식과 맥주는 그다지 잘 맞는 궁합이라고 볼 수 없다. 음식에 맞는 술을 준비하는 센스가 필요한 대목이다.

초대를 받는 쪽에서도 요리에 어울리는 술을 자신이 직접 준비해 간다면 선물에 대한 고민도 해결되고 보다 더 적극적으로 집들이를 즐길 수 있으니 일석이조라 할 수 있다. 소주를 그다지 좋아하지 않더라도 음식에 맞는 '술'을 즐기고 싶은 사람이라면 더더욱 적극적으로 생각해 볼 만한 방법이다.

위에서 말한 문제들을 보다 쉽게 해결하고 유쾌하고 즐거운 집들이를 위한 최상의 선택을 소개한다.

브랜디
남자들을 위한 선택

술자리에서 처음부터 브랜디가 어울리는 것은 아니다. 소주가 매운탕이나 닭도리탕 같은 맵고 소스가 많은 요리의 전반부를 담당했다면, 브랜디는 입안에 많이 남아 있는 잔맛들을 우아하게 없애 기분을 좋게 해주는 후반부에 더 제격이다. 꼬냑으로 더 많이 알려져 있는 브랜디는 화이트 와인을 증류시켜 만든 증류주이다.

브랜디는 서양에서도 보통 식사 후에 즐기는 술로, 일종의 소화제 역할을 한다. 브랜디는 밑이 넓은 잔에 따라 마시는데 와인 특유의 향이 잔 벽을 따라 잘 올라오도록 하기 위해서다. 부드럽고 화려한 향은 마치 실크공단 스커트를 연상시킨다. 어수선한 자리에서 분위기 전환이 필요할 때 브랜디를 내어 놓으면 어떨까. 브랜디의 깊고 화려한 세계로 모두 다 빠져들 것이다.

쇼비뇽 블랑
여자들을 위한 선택

샤르도네가 도도한 품격을 지녔다면, 쇼비뇽 블랑은 매우 친근하다. 쇼비뇽 블랑의 높은 산도는 아삭아삭하고 생기가 넘쳐 스포티한 느낌마저 든다. 샤르도네가 여신 같은 이미지의 케이트 블랑쳇이라면 쇼비뇽 블랑은 맥라이언 같은 스타일이랄까. 집들이 해

함께라서 더욱 좋다

산물 요리로 나오는 회나 냉채 종류, 연어, Gout 치즈와 잘 어울린다.

쇼비뇽 블랑(Souvigon Blanc)
– 화이트 코튼 셔츠(White Cotton Shirt)
녹색초원 산들바람으로부터의 초대

쇼비뇽 블랑은 화이트 와인 중 가장 개성이 강하고 야생성이 느껴지는 품종이다. 서늘한 기후에서 잘 자라며 미국에서는 퓌메 블랑Fume Blanc 으로도 불린다.

프랑스 루아르Loire 지방의 썽쎄르Sancerre, 뿌이퓌메Pouilly-Fumé가 대표적인 A.O.C이며, 보르도 지방의 그라브 등에서도 생산된다. 신세계 지역에서는 뉴질랜드가 독보적이고 미국 캘리포니아 등에서도 생산된다. 영 와인일 때 마시는 것이 좋고 뿌이퓌메는 3~5년, 썽쎄르는 2~3년일 때가 가장 맛이 좋다.

로버트몬다비, 퓌메블랑

· Aroma : 과일향이 지배적인 다른 와인에서는 느낄 수 없는 갓 벤 풀냄새와 허브, 라임, 젖은 돌에서 나는 냄새와 같은 미네랄향 등 전반적으로 독특한 향을 풍긴다.

· Dry : 스위트하게 만든 와인을 제외하고 일반적으로 드라이하다.

· Crisp : 매우 높은 산도를 갖고 있어 신선하고 청량하게 느껴진다.

· Light ~ Medium-bodied : 대부분은 라이트 하나, 세미용과 블렌딩한 경우는 미디엄 또는 풀바디이다.

와인의 이유 있는 변신, 꼬냑

술 꽤나 좋아하는 아버지를 둔 집이 아니더라도 어느 집 거실에나 꼭 한 병쯤은 있게 마련인 것이 바로 꼬냑Cognac이다. 위스키나 별 다름없이 도수 높은 술과 같은 종류라고 생각하기 십상이지만, 꼬냑의 출신성분은 바로 와인이다.

대표적인 꼬냑 브랜드, 헤네시

보리를 증류해 만든 것이 위스키라면, 와인을 증류해 만든 것이 브랜디다. 유명한 브랜디 브랜드로는 프랑스 남서부 지방의 꼬냑과 아르마냑Armagnac이 있다.

꼬냑의 정식 명칭은 '오트비 드 뱅 드 코냑Eau-de-vie de vin de Cognac' 이지만 이 지방에서 만들어지는 브랜디가 최고 품질로 평가되면서 샴페인처럼 꼬냑이라는 지역 이름이 보통 명사처럼 굳어졌다.

꼬냑이 처음 유럽인들의 관심을 끌기 시작한 것은 17세기경, 샹파뉴Champagne와 보트레리Borderies에 와인을 구매하러 왔던 네덜란트인들에 의해 처음 개발되기 시작했다.

그러나 이 지역의 와인은 상대적으로 품질이 떨어지고 먼 거리를 이동해야 하는 탓에 크게 대접받지 못하다가 네덜란트인들이 증류한 와인을 마시게 되면서 관심을 끌기 시작했다. 네덜란트인들은 이 증류한 와인을 'Branwijn' 또는 'Burnt Wine'이라고 불렀는데, 이는 후에 증류한 와인을 브랜디로 부르는 기원이 됐다.

품종은 위니블랑Ugni Blanc을 기본으로 콜롱바르Colombard, 폴블랑

슈FolleBlanche 등 화이트 와인을 쓰고, 대표적인 생산지는 그랑 상파뉴Grande Champagne, 쁘띠뜨 상파뉴Petite Champagne, 보르데리Borderies, 팽 부와Fins Bois, 봉 부와Bons Bois, 부와 오르디네르Bois Ordinares 등이다.

꼬냑은 두 번의 증류과정을 거쳐 만들어지는데, 증류 후에도 사라지지 않고 남는 독특한 과일향은 저급했던 와인을 일약 신비스런 술로 재탄생시킨다.

증류의 다음 단계는 '블랜딩'. 샴페인이 서로 다른 연도와 품질을 가진 와인을 '블렌딩의 미학'으로 재탄생시키는 것처럼, 꼬냑도 서로 다른 품종들을 조합해 만드는 '블렌딩' 과정을 거친다. 일정한 맛과 향을 가진 제품으로 탄생시켜야 하는 과정이니만큼 블랜딩은 소수 몇 사람만이 담당하는데, 이들을 가리켜 셀러 마스터Cellar Master라고 부른다. 이 블렌딩 과정을 가리켜 결혼Mariage이라고 부를 만큼 성스럽게 여기며, 각 브랜드에 걸맞은 맛과 향을 지속적으로 유지시켜야 하기 때문에 이들 셀러 마스터들에게는 큰 책임이 부여된다.

코냑 제조의 마무리 단계는 오크 통에서의 숙성. '리무진 오크Limousine Oak' 통에서 보관, 숙성되면서 특유의 황금빛과 호박빛의 아름다운 컬러와 오크에서 나는 특유의 부케를 지닌 꼬냑으로 완성된다.

꼬냑 역시 향이 중요한 술이니 만큼 전용 글라스에 마셔야 제대로 즐길 수 있다. 밑부분이 넓은 벌룬형과 튜울립 모양 글라스가 있는데, 보다 예민한 후각과 미각을 갖고 있다면 튤립 글라스가 더 추천된다.

꼬냑을 한번 오픈한 이후에는 되도록 수개월 안에 마시는 것이 좋다. 한번 공기에 노출된 꼬냑은 시간이 지나면서 품질이 나빠질 수 있기 때문이다. 따라서 한두 잔만 즐길 경우에라도 글라스에 따른 후 즉시 마개를 닫아두는 게 좋다.

· 코냑 숙성년수
V.S –Very Special(*** – Three Stars) : 최소 2년 이상
V.S.O.P– Very Superior Old Pale(Reserva) : 최소 4년 이상
Napoleon, X.O(Extra Old=Hors de Vie) : 최소 6년 이상

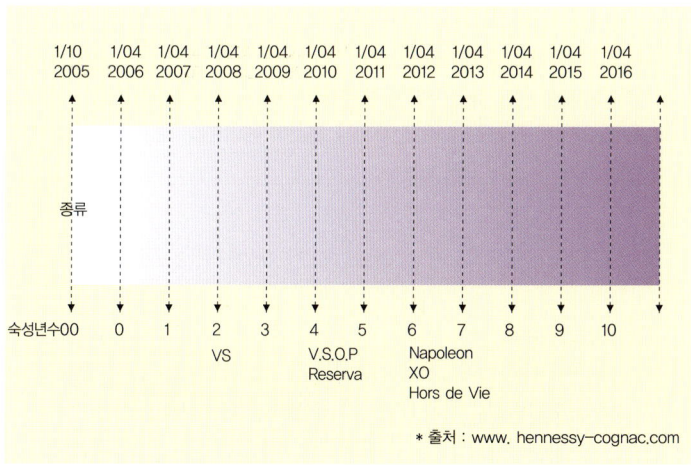

* 출처 : www. hennessy-cognac.com

꼬냑의 숙성년수는 여러 블랜딩 와인 중 가장 어린 화이트 와인 숙성 년수를 의미하는 것으로 실제로는 더 오래 숙성시키기도 한다. 꼬냑은 스트레이트로 마실 경우 식사 후에 디저트로 마시는

것이 좋고 이때는 오래 숙성된 꼬냑이 좋다. 취향에 따라 초콜릿 등 달콤한 디저트와 같이 마시기도 한다.

더운 여름철에는 꼬냑과 얼음을 이용하여 시원하게 즐기기도 하는데 이 경우에는 그다지 오래 숙성된 꼬냑이 아니어도 괜찮다. 메인 요리 전 에피타이저처럼 마시기도 한다.

· 코냑 제대로 즐기기 : Cognac Straight(X.O. Napoleon, Old Reserva)
1. 벌룬이나 튤립 글라스를 준비한다.
2. 숙성된 꼬냑에서 보이는 호박색 컬러를 즐긴다.
3. 글라스의 1/5만큼만 따라야 충분한 향이 우러나온다.
 · 코를 천천히 글라스의 탑 부분에 가져간다. 과일, 건조된 과일, 후추, 계피, 커피, 시가 박스 등의 향을 즐긴다.
 · 글라스를 손 안에 들고 부드럽게 흔들어 부케가 잘 우러나오도록 한다.
4. 일반 와인을 즐기듯이 혀 전체에서 천천히 음미한다. 좋은 꼬냑일수록 마신 뒤에도 여운이 오래 남는다.

· 꼬냑 다양하게 즐기기 : Cognac Long-drink(V.S. 또는 V.S.O.P)

Cognac Tonic
1. 2cl의 V.S. 또는 V.S.O.P.를 잔에 따른다.
2. 글라스에 얼음을 채우고 6~8cl의 토닉을 입맛에 맞게 넣는다.

Cognac Float
1. 글라스에 얼음을 넣는다.
2. 소다를 붓고 천천히 V.S.O.P.를 붓는다. 이렇게 하면 꼬냑이 글라스의 윗부분에만 남아 있게 된다.

Cognac and Soda

1. 2cl의 V.S.O.P.을 글라스에 따른다.
2. 얼음을 넣고 6~8cl의 Soda, 또는 입맛에 따라 물을 넣는다.

Cognac Fizz

1. 2cl의 V.S.O.P.을 글라스에 따른다.
2. 레몬 주스를 넣고, 입맛에 따라 소다를 넣는다.

Cognac Ginger Ale

1. 2cl의 V.S.O.P.을 글라스에 따른다.
2. 글라스에 얼음을 넣고 6~8cl의 Ginger Ale을 넣는다.

Cognac Orange

1. 2cl의 V.S. 꼬냑을 잔에 따른다.
2. 입맛에 따라 오렌지 주스를 넣는다.

* 출처 : www. hennessy-cognac.com

구분	생산국	이름	품종	생산지	빈티지	생산자	알코올 도수	용량	소비자 가격
	프랑스	썽쎄르	쇼비뇽 블랑 100%	루아르	2004	Jean Moreau	12,50%	750ml	35,000
	프랑스	뿌이 퓌메	쇼비뇽 블랑 100%	뿌이 퓌메	2004	Henri Bourgeois		750ml	49,000
	미국	우드 브리지 쇼비뇽 블랑	쇼비뇽 블랑 80% 쎄미용 20%	캘리포니아	2003	Robert Mondavi	13%	750ml	19,000
	미국	투 바인스 쇼비뇽 블랑, 콜럼비아 크레스트	쇼비뇽 블랑 100%	컬럼비아 밸리	2002	Columbia Crest Winery		750ml	19,000
	미국	로버트 몬다비 프라이빗 셀렉션 쇼비뇽 블랑	쇼비뇽 블랑 99% 쎄미용 1%	코스탈	2004	Robert Mondavi	13,50%	750ml	29,000
	미국	캔우드 소노마 쇼비뇽 블랑	쇼비뇽 블랑 93% 샤르도네 6% 세미용 1%	소노마	2005	Kenwood	13,80%	750ml	38,000
	뉴질랜드	말보로 쇼비뇽 블랑	쇼비뇽 블랑 100%	말보로	2005	Kim Crawford		750ml	29,000
	뉴질랜드	프라이빗 빈 쇼비뇽 블랑	쇼비뇽 블랑 100%	말보로	2005	Villa Maria	13%	750ml	33,000
	호주	메이커스 테이블 쇼비뇽 블랑	쇼비뇽 블랑 100%	호주 남부	2005	Saltram Estate		750ml	18,000
	미국	로버트 몬다비 퓌메블랑 리저브	쇼비뇽 블랑 87% 쎄미용 13%	나파 밸리	1999	Robert Mondavi	13,50%	750ml	99,000

Daily Sips

Special Sips

와인 & 건강에 대해
궁금한 것들

프렌치 패러독스(French Paradox)

세계 3대 요리의 나라 프랑스. 많은 음식 종류만큼이나 기름진 음식을 즐기는 프랑스인들이 미국인들에 비해 심장병사망률이 더 적게 나타난 결과를 두고 생긴 말이다. 이 결과는 90년대 초 미국 CBS의 '60 Minutes'에 방송됐다.

프랑스 사람들은 지방을 많이 섭취하고 콜레스테롤 수치도 비슷한데, 심장병 사망률의 경우 미국은 인구 1만명당 182명인데 비해 프랑스는 102~105명 정도로 낮게 나타난 것이다. 같은 프랑스 내에서도 와인 생산량이 더 많은 남프랑스 도시 똘루즈는 다른 프랑스 지방에 비해 더 낮은 78명이었다. 술도 더 적게 마시고 운동도 더 많이 하는 미국인들로서는 이 결과가 믿기지 않았는데, 상식과 상반된 결과라 하여 이를 두고 프렌치 패러독스라 부르고 시작했다.

레드 와인의 폴리페놀 성분은 좋은 콜레스테롤인 HDL^{High Density Lipporotein}의 양을 늘려 혈관을 건강하게 만드는데, 레드 와인을 마시고 약 6시간이 지난 후 혈관 내 산화물질 수치를 측정하자 마시지 않았을 때보다 약 50% 가량 줄어든 것으로 나타났다. 이 내용이 알려진 후 미국에서는 그 해 와인소비가 무려 39% 이상 급증했다.

우리나라에서도 <생로병사의 비밀>에 레드 와인의 효용이 알려지면서 와인 소비가 늘기 시작, 꾸준히 증가하고 있다.

이 밖에도 와인은 진정 및 항우울 작용, 소화 촉진, 철분 흡수율을 증가시키는 등의 부차적인 효과도 있는 것으로 알려져 있다.

와인 & 다이어트

Q : 최근에 탄수화물 흡수를 줄이는 다이어트를 시작했습니다. 듣기에 다이어트 기간 중, 특히 초창기에 알코올 섭취는 금물이라고 하는데 어떻게 해야 할까요?

A : 탄수화물 섭취 감량이 다이어트에 효과적이라는 실질적 데이터가 충분치 않음에도 불구, 탄수화물 섭취를 줄이는 방법이 대중적으로 인기를 얻고 있다. 그러나 전문가들은 탄수화물 섭취 감량보다는 전체적인 칼로리를 감소시키는 게 체중감량에 더 효과적이라고 보고 있다.

다이어트를 시작할 때 특히 알코올 섭취를 하지 말라는 권고를 받는 게 일반적인데, 이는 식사시 알코올을 함께할 경우 음식 섭취량에 알코올의 칼로리가 더해질 것을 우려해서 나온 결과이다. 그러나 실제로는 음식과 알코올을 함께 섭취할 경우 음식을 덜 먹는 것으로 조사됐다. 결론적으로 알코올 섭취를 하느냐, 안 하냐는 것보다는 전체적인 칼로리 섭취를 줄이는 식습관이 더 중요하다는 것이다.

그렇다면 와인에 탄수화물은 얼마나 들어 있을까? 아래 결과에서 보듯 아주 적은 양이라는 것을 확인할 수 있다.

음료 종류	양	탄수화물(g)
콜라	1병(360ml)	40
다이어트 콜라	1병(360ml)	0.3
오렌지쥬스	240ml	25
맥주	1병(360ml)	9.0~12.0
맥주/라이트	1병(360ml)	3.0 ~ 8.0
레드 와인	135ml	0.4~2.3
화이트 와인	135ml	0.8~1.0
스위트 디저트 와인	60ml	7

결론적으로 하루 한 잔의 와인은 체중감량에 크게 영향을 주지 않으며, 오히려 긴장과 스트레스를 이완시켜 즐겁게 다이어트를 할 수 있도록 도와준다.

와인 & 임신

Q : 식사와 함께 와인 마시는 걸 즐기는 편인데, 현재는 임신 중입니다. 임신 중에 와인을 마셔도 될까요?

A : 가끔 마시는 와인 한두 잔이 임신 중 태아에 악영향을 미친다는 결과는 아직까지 없다. 그러나 안전한 태아 출산을 원한다면 임신 중에는 마시지 않는 것이 바람직하다.

임신 중 알코올 섭취가 악영향을 끼치는 경우는 지나치게 많이 마시거나, 알코올 흡수를 스스로 통제할 수 없는 알코올 중독 상태의 산모에 해당한다.

만약 식사와 함께 와인을 한잔하고 싶다면 최소량에 한해 음식과 함께 천천히 마시도록 한다. 그래야 혈중 알코올이 높아지는 걸 피할 수 있다.

출처 : R. Curtis Ellison, M.D., a professor of medicine and public health at Boston University School of Medicine and director of the school's Institute on Lifestyle and Health

Part _03

특별한
그날을 위하여

와인은 파티를 부르는 술이다. 더불어 친구를 부르고,
마음에 유쾌함을 선사하는 신비의 명약이다. 그러나
와인 파티가 일부 돈 많은 사람들의 전유물이라고 생
각했다면 이제부터 생각을 고쳐먹을 일이다.

사랑에 온몸을 던지다

언젠가 한 아침 프로그램에 소개된 여론조사 결과를 보고 기절할 뻔한 적이 있다. 주부 대상 프로그램이었는데, 자세한 건 기억에 없지만 '스킨쉽' 관련 남녀의 생각 차이가 주제였던 것 같다. 우리나라 남자들이 여자들에게 가장 바라는 것 1위가 놀랍게도 '나도 애무받고 싶다' 였다. 발렌타인데이를 말하는 마당에 무슨 '애무 타령' 인가 싶겠지만, 이 결과는 '남자도 여자만큼이나 섬세한 터치를 받고 싶어 한다', '남자도 여자처럼 감정을 가진 인간이다' 라는 아주 평범한 진리를 깨닫게 해줬다는 의미에서 잊혀지지 않는다.

그런가 하면 한국에 거주하는 외국인들이 나오는 한 프로그램에 발표된 결과는 정작 우리는 몰랐던 또 다른 평범한 진실을 깨닫게 했다. 미녀 외국인들은 한국 남자가 왜 좋으냐는 질문에 '각종 이벤트를 잘 하기 때문' 이라는 답을 했다. 물론 체감 정도야 편차가 있겠지만, 그들의 눈에 한국남자들은 상당히 적극적이고 창의적으로 보이는 모양이다. 그도 그럴 것이 우리나라 남자들은 각종 생일에 100일, 1,000일 등 참으로 챙겨야 할 날들이 많다.

그렇다면 여자가 챙겨야 할 날은 과연 언제일까? 물론 생일이나 각종 기념일에 선물이야 준비하겠지만, 그만을 위한 이벤트를 준비해 본 적 있는가 자문해 볼 일이다. '발렌타인데이', 대개의 기념일들은 남자가 먼저 챙기게 마련이지만 이 날만큼은 먼저 나서서 로맨틱하고 완벽하게 준비해 보는 건 어떨까? 전 사회적으로 '사랑을 하라고' 분위기 조성을 해주는 날이니, 이런 분위기 충만한 날조차 제대로 못 챙긴다면 '바라기만 하고 소극적'인 당신에게 돌아오는 건 '추억 없는 일생'이다.

와인은 참으로 로맨틱한 술이다. 그래서 와인은 발렌타인데이에 가장 잘 어울리는 최고의 파트너이다. 때문에 전 세계의 연인들이 이날 근사하고 낭만적인 고급 레스토랑을 예약하고 와인이 주는 사랑의 흥에 흠뻑 취하는 게 아니겠는가.

와인을 잘 모른다고 해서 또는 비싼 고급 레스토랑에는 갈 엄두가 안 난다 해도 절망할 필요는 없다. 여기 그저 잘 고른 와인 한 병만으로도 그의 마음을 사로잡을 수 있는, 사랑이 충만해지는 방법을 소개한다.

● **D-day 전 정보를 미리 입수하고 주문하자.**

자, 이제 인터넷을 켜고 검색창에 와인이라고 쳐 보자. 와인바, 이탈리안 레스토랑, 또는 블로그에 와인이라고 걸려 있는 모든 것들이 당신 눈앞에 펼쳐질 것이다. 그 중 하나를 골라서 들어간다고 치자. 몇 줄 읽어보지만 전부 읽자니 끝이 없고 밑도 끝도 없다. 그야말로 완전 새로운 세계에 입문하는 기분이 들 것이다.

외국 레스토랑의 경우 와인 리스트를 미리 공개하고 예약을 받기도 하지만 우리나라의 경우 와인 리스트를 올려 놓는 경우는 흔치 않다. 또한 정작 레스토랑에서조차 와인에 관해 상세히 설명을 듣고 고를 수 있는 분위기가 아니다. 따라서 수고스럽더라도 홈페이지를 찾아 어떤 와인 리스트가 있는지 여부를 조사하는 것부터 시작하는 게 보다

완벽하게 준비하는 길이다. (와인바 정보 참조)

와인 리스트 파악이 끝났다면 맘에 드는 와인을 골라 예약을 해둔다. 또는 특별히 원하는 종류가 있다면 미리 전화를 걸어 그 와인을 갖고 있는지 파악해 둔다. 각종 책에서 본 와인 이름을 적어간다 한들, 그 레스토랑에서 특정 와인을 구비해 두지 않을 수도 있다. 다음으로 중요한 포인트, 레스토랑에 도착하기 미리 전화를 걸어 주문한 와인을 미리 테이블에 올려줄 것을 주문해 두자.

미리 잘 준비돼 있는 테이블을 보는 순간, 그가 어떻게 반응할지 궁금하지 않은가? 그가 크게 감동받을 것임을 의심치 마시길. 사전 분위기 띄우기로 이보다 더 좋은 팁은 없다. 와인을 마시는 중간에 와인을 고른 이유에 대해서도 한마디쯤 들려준다. 특별히 배려한 당신의 센스에 적잖이 놀랄 것이다.

만약 와인에 대해 잘 모르고 미리 와인 리스트를 살펴볼 시간도 사전 예약할 시간도 놓쳤다면 어떻게 해야 할까?

●● 로맨틱한 와인을 주문한다.

와인 초보자에게 와인 주문은 어렵다. 와인에도 사람의 성격처럼 다양한 캐릭터가 있는데 특별히 이날에 어울리는 와인은 로맨틱 종류다. 피노 누아, 보졸레, 로제, 샴페인 등은 로맨틱한 와인들로 부드럽고 우아하다. 네 종류로 최대한 범위를 좁힌 다음, 전문 소믈리에의 도움을 받아 선택하도록 한다. 그러나 상대가 와인 애호가라면? 크게 걱정할 거 없다. 기꺼이 자신이 좋아하는 종류를 하루쯤 양보하더라도 당신의 의견에 따를 것이다.

●●● 글라스의 잔은 다 비우지 않는다.

와인은 한 모금씩 음미하며 마시는 술이다. 상대방의 글라스가 다 비워가면 직접 잔을 채워줄 수도 있지만 레스토랑에서는 웨이터나 소믈리에가 잔이 비는 것을 주시하다가 채워 주므로 보다 대화에 집중한다. 또한 주문한 와인을 다 비우지 않고 남았을 때는 코르크로 막아 집에 가져와도 전혀 실례가 아니다. 잘못 주문한 경우나 와인이 남았을 경우 집으로 가져와도 무방하다. 다 마시고 난 코르크나 병을 가져가겠다고 웨이터에게 말해도 전혀 부끄러워할 것 없으니 기념하고 싶다면 가져온다.

이날을 위해 태어났다

특별한 삼총사의 매력

특별한 날이니 만큼 분위기에 어울리는 와인을 마셔보는 건 어떨까. 재밌는 이름과 관련된 와인으로는 보졸레의 쌩 따무르Saint-Amour가 있고, 사랑의 의미가 듬뿍 담겨있는 그랑크뤼급 깔롱 세귀르Calon-Ségur, 장미꽃 한 다발을 옮겨 놓은 듯한 로제에 이르기까지 이름만으로도 충분히 로맨틱하다. 그러나 이날 가장 어울리는 단하나를 꼽으라면 단연, 레드 와인의 여왕, 피노 누아를 추천하고 싶다. 부드러우면서도 우아한 자태를 닮은 피노 누아라면 그의 마음은 이미 당신 것이리라.

초여름 복숭아꽃 향기 같은 보졸레 와인, 쌩 따무르(Saint - Amour)

우리나라에 와인 돌풍을 일으킨 주역인 보졸레 와인. 매년 11월이 되면 편의점에서도 쉽고 비교적 싸게 구입할 수 있는 보졸레 누보 와인으로 우리에게도 친숙한 와인이다. '오래 두지 말고 빨리 마시자'는 선전문구처럼 햇 와인이기 때문에 숙성의 깊이보다는 풋풋하면서도 달콤한 향내로 마시는 와인이다. 그러나 보졸레 누보만 있는 것은 아니다. 보졸레 내에서도 10개의 지역에서 와인을 생산한다. 보졸레 와인은 소박한 아름다움이 물씬 풍겨 프랑스 어느 시골마을의 벼룩시장을 연상케 하기도 하는데, 그 때문인지 이 와인을 접할 때마다 영화배우 전도연 씨의 이미지가 떠오르곤 한다.

쌩 따무르. 어느 와인 이름이 이보다 더 로맨틱할 수 있겠는가? 서울와인스쿨에서 와인공부를 할 당시 김준철 원장님이 이 와인을 두고 '발렌타인데이에 이보다 더 어울리는 와인은 없을 것'이라며, '왜 한국에서 이 와인이 널리 알려지지 않는지 안타깝다'고 말씀하셨던 것이 기억난다. 그만큼 독보적인 이름을 갖고 있는 탓이리라. 그러나 쌩 따무르는 단지 이름만이 아니라 복숭아꽃 향내가 바람에 실려오는 듯한 상상을 불러일으켜 로맨스에도 훌륭히 어울리는 와인이다.

이 와인의 이름에는 독특한 역사가 담겨 있는데, 286년 프랑스의 Saint-Maurice-en-Valais라는 지역에서 아모르Amour라는 이름을 가진 한 로마 병사가 군대를 이탈하는 사건이 발생했다. 기독교인들이 로마군에 대항해 진군하는 것을 거부하자 로마군들이

쌩 따무르

깔롱 세귀르

대량학살을 자행, 이를 보다 못해 군대를 이탈한 것이다. 아모르라는 청년은 이후 Gaul이라는 지역에서 피난처를 찾았고 선교사가 되었다. 이후 그는 선교활동을 펼친 그 지역에 자신의 이름을 헌정했고 이런 이유로 해서 그 지역은 오늘날의 Saint-amour가 됐다. 오늘날에도 그 교회 근처에는 그의 뜻을 기리는 조각상이 있다고 한다. 와인은 그 많은 종류만큼이나 많은 얘깃거리를 담고 있어 그 재미가 더한데 로맨틱하기보다는 오히려 성스런 의미를 담고 있는 뒷얘기이다.

영원한 내사랑 깔롱 세귀르(Calon-Ségur)

샤또 깔롱 세귀르는 보르도 쌩 에스테프Saint-Estephe에서 나는 그랑크뤼 3등급 와인이다. 이 샤또를 소유한 세귀르 가문은 한때 샤또 깔롱, 라피트Lafite, 라뚜르Latour를 소유한 유명한 가문이다. 후에 깔롱과 라뚜르는 바롱 제임스 드 로칠드Baron James de Rothschild에 매각됐고, 로칠드는 지금도 이들 샤또들을 소유하고 있다. 샤또 라피트와 샤또 라뚜르는 그랑크뤼 1등급 와인이다.

세귀르 가문의 마르끼 드 세귀르Marquis de Ségur는 특히 샤또 깔롱에 각별한 애정을 기울였는데, "나는 샤또 라피트와 샤또 라투르에서 와인을 만들지만, 나의 마음은 깔롱에 있다"는 말을 남기기도 했다.

핑크빛 장미의 유혹, 로제 혹은 로제 스파클링

영원한 사랑의 상징의 꽃, 장미. 왜 하필 이 핑크빛 와인의 이름을 핑크 와인이라고 하지 않고 로제라고 지었을까? 수많은 비유의 대상들을 놔두고 하필 장미였을까? 분홍색 옹호자가 아니라 할지라도 괜찮다. 한 다발의 핑크색 장미꽃을 마다할 여자가 있겠는가? 그래서 이 와인은 절대적으로 모든 여자들의 로망이다.

로제 와인은 검은 포도를 살짝 압착해 그 색소가 조금만 우러나오도록 해 만들기도 하고 검은 포도와 청포도를 섞어서 만들기도 한다. 사실 로제 와인은 그 토양이나 기후가 좋은 와인을 만들기 어려운 지역에서 주로 생산되는 것이 사실이나, 그 때문에 이 와인의 매력이 떨어진다고 말하기는 어렵다.

와인이 꼭 붉거나 흰색이어야 하는가? 로제는 기후와 토양의 한계를 뛰어넘어 사랑받는 와인을 만들고자 했던 농부들의 땀으로 탄생된 것으로 그 자체로 훌륭한 와인이다.

그런 의미에서 로제 와인은 색채가 자아내는 감동과 자유를 맘껏 발산한 색채 화가 마티스를 연상케 한다. 창 너머로 보이는 푸른 바다조차 붉은색으로 표현한 그의 색에 대한 자유와 열정을 닮고 있는 듯하기 때문이다. 어떤가? 당신 앞에 앉아 있는 이 남자와 장밋빛 사랑을 그려가고 싶지 않은가? 이 황홀한 빛깔이 주는 아름다움에 흠뻑 취해 볼 일이다.

폴로저 로제 샴페인

피노 누아
– 쥬얼리 실크 레드 드레스(Jeweled Silk Red Dress)
매혹적이며 중독적이다.

특별한 그 날을 위하여

159

피노 누아는 프랑스의 부르고뉴 지방에서 재배되는 품종으로 껍질이 얇아 태닌이 적고 색깔은 연한 레드를 띤다. 이 지방에서 나는 와인은 와인의 여왕이라고 불릴 만큼 그 맛과 향이 빼어난데, 최고의 레드 와인으로 통하는 로마네 꽁티도 이 지역에서 나는 와인이다. 샴페인에 블랑 드 누아Blanc de Noirs라고 된 것도 바로 이 피노 누아로 만든 것이다.

고급 품종이면서 여러 곳에서 잘 자라는 까베르네 쇼비뇽과는 달리, 피노 누아는 서늘한 기후에서만 자라는데다 와인 제조공정도 매우 까다롭다. 이 때문에 비교적 일정한 맛과 평균적인 가격으로 즐길 수 있는 보르도 와인과는 달리 피노 누아는 좋을 때와 나쁠 때의 편차가 크고 가격이 비싸다. 또한 프랑스를 제외하고는 다른 지역에서는 피노 누아의 섬세한 맛이 살지 않아 더더욱 접하기 어렵다.

와인 애호가들도 종종 어렵게 만드는 품종인만큼 와인 초보자가 피노 누아를 제대로 고르기란 여간 어려운 게 아니다. 피노 누아는 악기로 치자면 너무나 아름다운 그 음색에 비해 범접하기 힘들고 까다롭게 느껴지는 바이올린 같다고나 할까? 그러나 완성된 피노 누아는 최고의 우아함을 선사한다. 그런 만큼 피노 누아를 만날 때는 다른 어떤 품종보다도 더 설레고 기대하게 된다.

프랑스에서는 부르고뉴라고 하며, 영어식 표현으로는 버건디Burgendy라고도 한다.

주요 A.O.C.로는 부르고뉴의 꼬르똥Corton, 뽀마르Pommard, 볼네

뽀마르 르뤼엥Pommard Rugiens
루지앙, 루이자도Louis-Jadot

Volnay, 샹베르땡Chambertin, 뮈지니Musigny, 로마네 꽁띠Romanée-Conti, 라따슈La Tâche 등이 있다. 최근에는 이 피노 누아를 미국에서도 많이 재배하는데 캘리포니아 중에서도 비교적 서늘한 지역인 오리건 주에서 생산된다.

- · Aroma & Bouquet : 체리, 크랜베리, 랍스베리, 스트로베리, 블루 베리 등 풍부한 과일향.
- · Dry : 산지오베제만큼 드라이하게 느껴지진 않으나, 쉬라즈 보다는 드라이 하게 느껴짐.
- · Bright : 산도가 높은 편이나 가볍고 상큼한 산미.
- · Light ~ medium–bodied : 서늘한 기후에서 자라는 특성상 알코올 도수는 그다지 높지 않은 편. 가볍거나 중간 정도의 바디.
- · Light ~ medium tannins : 껍질이 얇아 태닌이 적지만 실크 같이 부드럽 고 매끄러운 태닌이 일품.

발렌타인데이엔 와인과 함께!

　우리나라에서의 발렌타인데이가 젊은 연인들 위주라면, 서양 에서는 보다 가족행사적 성격을 띠는 듯하다. 미국에서 이뤄진 한 여론조사 결과를 보면 '발렌타인데이에 집에서 특별한 저녁식사 계획이 있는가?' 라는 질문에 응답자의 45%가 그렇다고 답했고, 32%는 레스토랑에서 특별한 저녁식사를 할 계획이라고 대답했다.
　저녁식사는 아무래도 여자가 더 많이 준비할 거라는 가정이 무

특별한 그 날을 위하여

리가 아니라면, 응답자의 거의 절반이 남편이나 남자친구를 위해 이벤트를 준비하는 셈이다.

레스토랑에서의 특별한 저녁식사를 계획하는 쪽이 성별에 따라 나눠지진 않았지만, 둘의 경우를 합해 약 80%의 연인이나 부부가 발렌타인데이를 특별하게 보내고 있다는 결과를 보여 주고 있다.

또한 '발렌타인데이 계획에 와인이 들어있느냐?'는 질문에는 무려 90%가 그렇다고 답해 와인은 발렌타인데이의 필수 아이템 임을 여실히 증명했다.

A Talk Break II
제임스 본드의 작업 무기는 샴페인?

제임스 본드가 애용해서 유명해진 샴페인
볼린저 스페셜 퀴베브뤼

007, 그는 세월이 흘러도 영원한 이상형이다. 뻔한 스토리를 갖고도 그렇게 해를 달리해 우려먹어도 여전히 통하는, 그처럼 '약발 잘 받는' 영화도 드물 것이다. 시대가 시대이니만큼 '본드걸'의 이미지도 많이 변했다지만, 그처럼 모든 걸 갖춘 완벽남의 '작업'에 어느 여자인들 마음이 흔들리지 않을까. 게다가 제임스 본드에게는 총칼을 뒤로 하고 여자를 녹이는 그만의 '특수 기술'이 있었으니, 바로 '작업용 샴페인'이 그것이다.

영화만의 얘기일까? 제임스 본드의 '특수 기술'은 일상에서도 그 위력을 발휘하고 있다. 미국의 한 여론조사 결과, '작업용 와인으로 어떤 걸 선택하겠느냐'는 질문에 무려 33%가 '샴페인 또는 스파클링 와인'이라고 답한 것이다. 까베르네 쇼비뇽은 12.8%, 피노 누아 7.0%, 보르도 6.3%, 부르고뉴 6.0% 기타는 34.9%로 나타났다. 007을 보면서 여자들이 그의 넘치는 매력에 빠져 있는 사이, 남자들은 비록 소품일지라도 '무슨 와인을 먹였을까'에 집중하고 있었던 것이리라.

　샴페인은 탄산가스가 들어 있어 마시면 기분이 금새 좋아지고 더 빨리 취하는 경향이 있다. 제임스 본드 역시 그의 '걸들'에게 이걸 노린 것이 아닐까. 그러니 현명한 여자들이여! 그가 '작업을 걸 때'는 천천히, '작업을 유도해야 할 때는' 제 속도로 마시는 유연성을 발휘하길…….

● Wine List

Daily Sips
피노 누아

구분	생산국	이름	품종	생산지	빈티지	생산자	알코올 도수	용량	소비자 가격
	프랑스	부르고뉴 피노 누아, 부샤르 뻬르 에 피스	피노 누아 100%	부르고뉴	2002	Bouchard Pere & Fils		750ml	29,000
	프랑스	메르퀴레 루즈 페블리	피노 누아 100%	꼬뜨 드 본	1999	J.Faiveley	12,50%	750ml	43,000
	프랑스	메르퀴레 부샤르 뻬르 에 피스	피노 누아 100%	꼬드 살로네즈	2000	Bouchard Pere & Fils	13,00%	750ml	49,000
	프랑스	옥제 뒤레스 1등급 레 뒤레스	피노 누아 100%	꼬뜨 드 본	2000	Bouchard Pere & Fils	13,50%	750ml	51,000
	프랑스	샹트니	피노 누아 100%	부르고뉴	2003	Louis Latour	13%	750ml	65,000
	프랑스	몽뗄리 1등급 레 뒤레스	피노 누아 100%	꼬뜨 드 본	2000	Bouchard Pere & Fils	13%	750ml	69,000
	프랑스	알록스 꼬르똥 페블리	피노 누아 100%	꼬뜨 드 본	2002	J.Faiveley	12,50%	750ml	85,000
	프랑스	뉘쌩 조르주 페블리	피노 누아 100%	꼬뜨 드 뉘	2002	J.Faiveley	12,50%	750ml	92,000
	미국	로버트 몬다비 까르네로스 피노 누아	피노 누아 100%	까르네로스 디스트릭트	2002	Robert Mondavi	13,50%	750ml	99,000
	프랑스	본 로마네 부사드 뻬르 에 피스	피노 누아 100%	꼬뜨 드 뉘	2003	Bouchard Pere & Fils	13%	750ml	110,000

164

구분	생산국	이름	품종	생산지	빈티지	생산자	알코올 도수	용량	소비자 가격
	프랑스	뽀마르 페블리	피노 누아 100%	꼬드 드 본	2001	J.Faiveley	12.50%	750ml	118,000
	프랑스	샹볼 뮈지니 루이자도	피노 누아 100%	꼬뜨 드 뉘	1998	Louis Jadot	13%	750ml	166,000
	프랑스	뽀마르 프리미에 크뤼 루지앙	피노 누아 100%	꼬뜨 드 본	1998	Louis Jadot		750ml	222,000
	프랑스	끌로 부조 그랑크뤼	피노 누아 100%	꼬뜨 드 뉘	2000	Louis Jadot		750ml	254,000
	미국	하트 포드 코트 피노 누아	피노 누아 100%	소노마 코스트	2005	Jacskon wine Estates	14.50%	750ml	106,000
	프랑스	보졸레 빌라쥐 페블리	가메 100%	보졸레	2004	J.Faiveley	12.50%	750ml	25,000
	프랑스	쌩 따무르	가메 100%	보졸레	2004	P. Ferraud et Fils	12.50%	750ml	35,000
	프랑스	물랭 아 벙	가메 100%	보졸레	2003	P. Ferraud et Fils	12.50%	750ml	35,000
	프랑스	플뢰리 페블리	가메 100%	보졸레	2004	J.Faiveley	12.50%	750ml	41,000
	프랑스	로제 당주 샤또 드 페슬	까베르네 프랑 30% 그롤로 70%	루아르	2004	Ch, De Fesles		750ml	25,000

Special Sips

레드와인

구분	생산국	이름	품종	생산지	빈티지	생산자	알코올 도수	용량	소비자 가격
	프랑스	따벨 로제	그르나슈 100%		2005	M.Chapoutier	13.50%	750ml	36,000
	프랑스	따벨 이 기갈	그르나슈 50% / 쌩쏘 31% 시라 등	남부 론	2003	E.Guigal	13.50%	750ml	43,000
	프랑스	폴로저 로제 빈티지	피노 누아 60% 샤르도네 40%	상파뉴	1998	Pol Roger	12.50%	750ml	180,000
	미국	베린저 스파클링 화이트 진판델	진판델 100%	캘리포니아		Beringer		750ml	28,000

로제 & 로제 스파클링

새로운 인생의 시작

어렸을 때 결혼은 신데렐라와 백설공주 동화의 마지막을 장식하는 아름다운 결론이었다.

사춘기 시절에는 '십 년쯤 미리 전쟁이 나고 그만큼 일찍 한국이 독립이 되었더라면 아사코의 말대로 우리는 같은 집에서 살 수 있게 되었을지도 모른다……. 그리워하는데도 한 번 만나고는 못 만나게 되기도 하고, 일생을 못 잊으면서도 아니 만나고 살기도 한다'로 기억되는 사랑하나 이어지지 않을 수도 있는 피천득의 '인연'이었다.

20대에는 '결혼은 미친 짓이다'라며 외치고 다녀 사귀던 남자친구와 밥 먹듯이 싸우게 한 이슈였고, 30대가 되자 넘쳐나는 결혼식들로 봄, 가을 주말을 온통 다 내주고도 늘 쓸쓸하게 했던 우울한 기억이다.

얼마 전 초·중·고등학교 학생들의 결혼에 대한 의식조사 결과가 발표됐다. 여학생의 10%와 남학생의 22%만이 '결혼은 꼭 해야 한다'고 답을 해서 세간을 놀라게 했다. 이 결과를 술자리에서 한번 던졌더니 너나없이 한마디씩 한다. 앞으로 10년 이내에 결혼 관련 산업은 사양산업이 되는 거 아니냐, 결혼으로 인한 경제규모가 얼만데 대체 산업이라도 양성해야 되는 거 아니냐 등등.

웃자고 던진 말들이었지만 사회가 복잡해지면서 결혼에 대한 우리의 생각이 많이 달라진 건 인정해야 할 것 같다.

다른 나라에서는 어떨까? 유럽에서 태어나는 아이 셋에 하나는 동거 커플의 자녀다. 미국 미혼여성의 25%는 동거 중이다. 프랑스에선 가구 셋 중 하나가 독신가구다. 미국에선 동성 결혼을 인정하는 주(州)가 생겨났다. 많은 유럽 국가들이 동거 커플에게 정식 결혼 부부와 똑같은 법적 지위와 혜택을 준다.

결혼이 사라지는 것일까?

꼭 그렇지만은 않은 것 같다. 미래학자들에 따르면 평균수명이 100세 넘는 시대엔 보통사람들도 두어 차례씩 결혼할 것이라고 한다. 또한 미래의 가족이란 자신이 속한 여러 가정 가운데 하나를 의미하며, 사람들은 동시에 여러 가정에 소속되고 아이들은 동시에 여러 아버지와 어머니를 가질 수 있다고 한다. 한 사람이 대개 한 번 하던 것에서 두 번씩 하는 사회가 되면 적어도 결혼산업이 사양산업이 될지도 모른다는 걱정은 안 해도 될 듯하다.

사랑의 유통기한도 점점 짧아진다. 요즘 프랑스에선 청혼할 때 "저와 잠깐 결혼해 주시겠어요?" 라는 말을 던진단다.

한 사람만을 평생 사랑하겠다는 거룩한 맹세는 기대도 안 한다 해도 너무 삭막하다 못해 인스턴트 같은 프로포즈에 기가 찰 노릇이다.

불교에서는 부부가 되려면 8,000겁의 인연이 필요하다고 한다. 천 년에 한번 떨어지는 빗방울이 집채 만한 바위를 뚫는 시간이 한 겁이라고 하니 참으로 무량한 세월을 기다려서 만나는 것이 부부의 인연이다.

인기척

한 오만 년쯤 걸어왔다며
내 앞에 우뚝 선 사람이 있다면 어쩔 테냐
그 사람 내 사람이 되어
한 만 년쯤 살자 조른다면 어쩔 테냐

미치지 않고는 배겨낼 수 없는 봄날,
마알간 얼굴을 들이밀면서
그늘지게, 그늘지게 사랑하며 살자고
슬쩍슬쩍 건드려온다면 어쩔 테냐

지친 오만 년 끝에 몸 풀어헤친
그 사람 인기척이 코앞인데
살겠느냐…
말겠느냐…

— 이병률 —

40대가 가까워 오는 내게 결혼에 대한 생각은 이 시와 점점 닮아간다. 세상이 너무
빨리 변하고 돈이 세상의 중심이 된다 한들 사랑과 결혼에 대한 가치마저 평가절하 되
지는 않는다. 동화 속 아름다운 결론처럼은 아닐지라도, 결혼은 오만 년을 거슬러 찾아
온 귀한 인연과 시작하는 새로운 인생이니만큼 더더욱 축복받아야 마땅하다.

그런 황홀한 축복의 자리에 어울리는 와인이 있다. 무려 490만 개에 이르는 기포가

만들어 내는 예술, 마치 새로운 커플을 위해 축포를 쏘는 듯한 아름다움을 선사하는 샴페인. 샴페인은 쉽게 만들 수도, 아무데서나 만들 수도 없는 고귀하고도 우아한 와인 중의 와인이다.

이번 주말 후배의 결혼식에는 참으로 오랜만에 참석을 해야겠다. 샴페인과 아름다운 시를 적은 카드와 함께 말이다.

Quick & Easy Shopping Memo

샴페인
더이상의 와인은 없다.

샴페인은 품종 혼합 정도에 따라 약간 다른 맛을 선사한다. 샤르도네 만으로만 만든 블랑 드 블랑Blanc de Blancs은 화이트 와인의 캐릭터 그대로 아삭하고 기분 좋은 산미가 특징이다. 적포도로 만든 블랑 드 누아Blanc de Noirs는 레드 품종인 피노 누아의 캐릭터가 녹아 있어 부드럽고 우아하다. 화이트와 레드를 섞어 만든 로제Rosé는 풍부하면서도 스파이시하다. 취향별로 알맞게 고르시길.

유명한 샴페인 회사로는 모엣 샹동Moét & Chandon과 007 주인공이 애용한 것으로 유명한 볼린저Bollinger, 태팅저Taittinger, 윈스턴 처칠을 기념하기 위해 만든 폴 로저Pol Roger, 베브 끌리꼬 뽕사르당Veuve Clicquot Ponsardin 등이 있다.

모엣 샹동의 대표 샴페인
돈 페리뇽

특별한 그 날을 위하여

171

샴페인에 대한 이해

샴페인은 지역 명칭인 꼬냑이 브랜디의 대명사가 된 것처럼 프랑스 상파뉴 지방의 발포성 와인이 유명해지면서 굳어진 이름이다. 엄연한 A.O.C.이니만큼 프랑스 상파뉴 지방에서 생산된 발포성 와인에만 샴페인이라고 붙일 수 있다. 따라서 상파뉴 지방이 아닌 다른 지역 혹은 다른 나라에서는 스파클링 또는 고유의 이름을 붙여 표기한다.

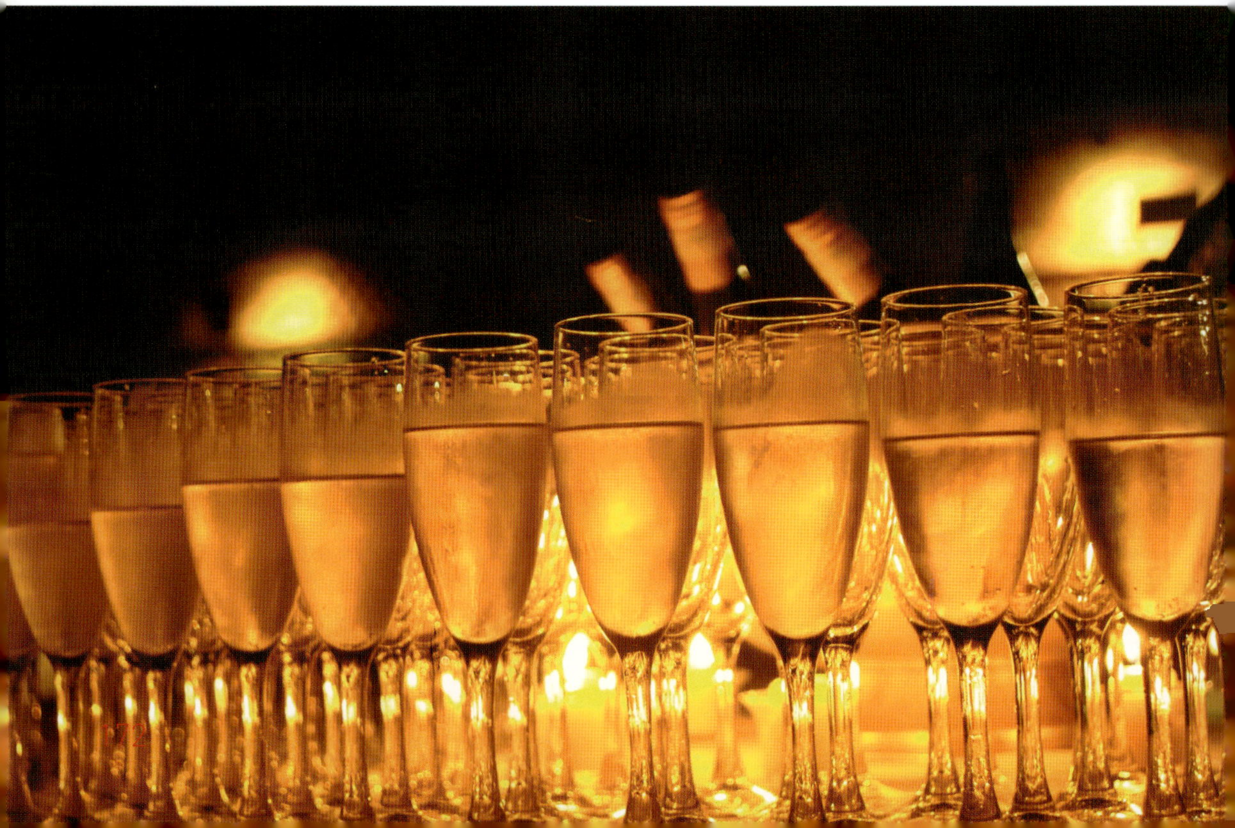

샴페인 제조과정

1차 발효 & 혼합

샴페인은 세 가지 포도 품종을 블렌딩해서 만든다. 레드 품종으로는 피노 누아와 피노 뫼니에Pinot Meunier가 있고, 화이트 품종으로는 샤르도네가 있다. 화이트는 수확 후 최대한 빨리 가볍게 주스를 만들고, 적포도는 포도 껍질에서 색소가 우러나오지 않도록 주의해서 주스를 만들어 이들을 블렌딩한 후 발효시킨다. 추운 지역에서 잘 익은 포도를 수확하는 것 자체가 어려운 일이기 때문에 서로 다른 품종, 서로 다른 해에 수확한 포도 주스들이 블렌딩되어 만들어진다. 그러나 예외적으로 블랑 드 블랑Blanc de Blancs은 샤르도네만으로, 블랑 드 누아Blanc de Noirs는 적포도로만 샴페인을 만든다.

2차 발효

다음은 가장 중요한 포인트인 기포 생성 과정으로 블렌딩된 와인에 추가적으로 설탕과 이스트를 넣어 뚜껑을 닫아 시원한 곳에 눕혀 둔다. 이스트가 설탕을 먹어 치우면서 다시 발효가 일어나고 6~12주가 지나면 병에 탄산가스가 가득 차게 된다. 이때 병 내면은 꽉찬 탄산가스로 무려 5~6기압(자동차 타이어는 약 2기압)까지 올라간다. 발효가 끝나면 온도가 더 낮은 곳으로 옮겨 숙성시킨다. 이때 와인은 이스트 찌꺼기와 접촉하면서 샴페인 특유의 부케가 발생한다. 다음으로 찌꺼기를 없애기 위해 병을 거꾸로 세워 병 입구로 모아지게 한 다음 영하 20℃의 염화칼슘 용액에 병 입

르뮈아주(Remuage)

A자 모양으로 꺾어진 나무판에 구멍을 뚫어 거꾸로 세워 놓아야 찌꺼기가 병 입구로 모이면서 뭉쳐진다. 요즘엔 수작업 대신 기계식으로 작업한다.

샤르도네만으로 만든
도츠 블랑 드 블랑 샴페인

드미섹 때땡져

뀌베 써 윈스턴 처칠

구 부분만을 넣어 찌꺼기를 제거한다.

발포성 와인은 생산지역과 나라에 따라 다양하게 표현되는데, 샹파뉴 이외의 지역에서 생산된 프랑스 발포성 와인은 무쉐 Mousseux, 독일은 젝트Sekt, 스페인은 까바Cava, 이탈리아는 스프망테 Spumante, 미국은 스파클링 와인으로 불린다.

샴페인 농도
· 엑스트라 브뤼(Extra Brut) : 매우 드라이
· 브뤼(Brut) : 드라이
· 엑스트라 드라이(Extra Dry) : 약간 스위트
· 드미섹(Démisec) : 스위트, 디저트나 웨딩 케이크와 어울리는 농도
· 두(Doux) : 매우 스위트

샴페인 타입
· 논 빈티지(Non-Vintage) : 여러 해 와인을 혼합한 것으로 대부분의 샴페인이 여기에 해당한다.
· 빈티지(Vintage) : 특정 연도에 수확한 포도만을 사용한 것을 의미한다.
· 프레스티지 뀌베(Prestige Cuvée) : 빈티지이면서 장기간 숙성시킨 것으로 첫 번째 짠 주스, 즉 최고급으로만 만든다.

샴페인과 세기의 여인들 I
여성의 여성을 위한, 여성에 의해 만들어진 샴페인

❶ 뵈브 클리코
❷ 마담 포므리
❸ 릴리 볼린저

요즘에야 와인 분야에서 여성의 파워가 조금씩 늘어가는 추세지만, 서양에서도 이 분야는 오랫동안 남성들이 훨씬 큰 지배력을 갖고 있었다. 그러나 이런 풍토 속에서 독보적으로 여성 파워를 보여준 와인 분야가 바로 샴페인이다.

뵈브 클리코 샴페인의 뵈브 클리코Veuve Clicquot는 그녀의 나이 27세(1805년)에 남편을 잃고 평생을 샴페인 제조공정에 열정을 쏟아부었다. 샴페인 역사를 말할 때 가장 먼저 거론되는 뵈브 클리코는 샴페인의 가장 큰 난제였던 찌꺼기를 제거하는 혁신적인 기술을 개발했다. 샴페인은 병 속에서 2차 발효를 하는데, 그녀 이전에 만들어진 샴페인은 발효 후 남는 찌꺼기를 제거하지 못해 뿌연 상태였다.

그녀는 이런 문제점을 개선하기 위해 나무 선반에 병이 들어갈 수 있도록 하는 방법을 고안했다. 그런 다음 이 선반에 병을 거꾸로 세워 찌꺼기가 모아지게 한 후, 영하 20°C의 염화칼슘에 병 목

뵈브 클리코 옐로우 라벨 샴페인

특별한 그 날을 위하여

부분만 넣어 찌꺼기를 제거했다. 그녀의 이런 업적을 기리기 위해 회사명도 '뵈브 클리코 퐁사르당Veuve Clicquot Ponsardin'으로 바꾸고, 그녀는 후에 위대한 여인이라는 '라 그랑드 담므La Grande Dame'라는 칭호도 얻었다.

포므리 에 그르노Pommery & Greno의 포므리Pommery 역시 19세기 샴페인 발전에 획기적인 역할을 한 인물이다. 포므리는 39세 (1858)년에 뵈브 클리코처럼 남편이 죽고 미망인이 됐다. 포므리는 브뤼Brut 스타일 샴페인을 개발한 주인공으로, 1874년 역사상 최초로 달지 않은 샴페인 제조에 성공, 새로운 스타일을 만들어 냈다. 1903년에는 무려 10만 병의 샴페인을 생산해 낼 수 있는 최대 규모의 오크 배럴을 짓기도 하는 등 사업적으로도 큰 성공을 거뒀다.

1941년, 릴리 볼린저Lily Bollinger는 남편이 죽은 후, 볼린저 샴페인Bollinger Champagne의 경영권을 물려받아 30년간 경영했다. 2차 세계 대전 중에 독일에 포도밭을 내주는 시련을 겪기도 했지만 이 회사를 세계적인 샴페인 회사로 키워냈다.

샴페인에 대한 찬사를 두고 자주 거론되는 인터뷰 내용이 있는데, 런던 주재 한 기자가 릴리 볼린저에게 언제 샴페인을 마시느냐고 질문하자 "나는 행복하거나 슬플 때 샴페인을 마신다. 가끔은 외로울 때 마시기도 한다. 친구가 있으면 반드시 샴페인을 마신다. 배가 고프지 않을 때는 아주 가볍게 마시고, 배가 고프면 마신다."고 답하기도 했다. 오늘날에도 많은 여성들이 릴리 볼린저의 뒤를 이어 로랑 페리에Laurent Perrier, 고세Gosset 등의 샴페인 회사에서 두드러진 활약을 하고 있다.

그런가하면 많은 유명 여성들이 샴페인 찬사의 말을 남겼는데, 루이 15세의 애첩이자 샴페인을 사랑했던 뽕빠두르Pompadour 부인은 "샴페인은 마신 후에도 여자를 아름답게 해주는 유일한 술이다"고 극찬했다. 프랑스 여배우 브리짓 바르도Brigitte Bardot는 "샴페인은 내가 지쳤을 때 힘을 주는 유일한 것이다"고 말했다.

샴페인을 두고 유독 '여자를 아름답게 하는 와인'이라고 하는데에는 2백년 전부터 도전을 두려워하지 않고 노력과 열정을 바쳐온 이들 위대한 여자들이 있었기에 가능했던 것이다. 실로 샴페인은 여성의, 여성에 의한, 여성을 위한 와인인 것이다.

샴페인과 세기의 여인들 II
샴페인과 같은 운명의 길을 걷다

병뚜껑이 펑 튀어나가면서 하얀 거품이 쏟아져 나오는 신기한 술, 샴페인. 우리에겐 낯설지만 서양인들의 샴페인에 대한 애정은 각별하다. 결혼식이나 인생의 특별한 순간, 최고급 연회의 자리에는 언제나 샴페인이 함께한다.

일반 와인 제조과정보다 까다롭게 만들어져 제조자의 세심한 손길이 필요할 뿐더러 2차 발효과정을 거치면서 생기는 부케는 샴페인에서만 느낄 수 있는 환상의 향과 맛을 제공한다. 게다가 탄산가스로 인해 잔을 따라 피어오르는 수백만 개의 거품을 보노라면 흡사 보석을 보는 듯한 감탄이 절로 나온다.

　그래서일까? 예부터 명사들의 샴페인에 대한 찬가는 끊일 줄 몰랐으며, 그 가운데 아름다운 여인들의 샴페인에 대한 사랑은 각별했다.

　희대의 두 사내, 로마 황제 시저를 하룻밤만에 사로잡고 유부남이었던 안토니우스를 발 아래에 두었던 이집트 여장부 클레오파트라는 샴페인에 대한 영감을 준 최초의 여인이 아니었을까 싶다.

　클레오파트라는 샴페인 제조기술이 발달하기 이전, 화이트 와인에 진주를 넣어 알칼리성인 진주가 산성인 와인 속에서 변하며 만드는 기포를 즐기며 마신 걸로 알려져 있다. 실로 클레오파트라적인 유희가 아닐 수 없다. 후대에 돈 주앙은 '샴페인을 휘감아 올라오는 거품은 클레오파트라의 보석과 같이 반짝인다'고 표현했다고 하니 서양인들의 샴페인에 대한 애정의 정도를 가늠해 볼 수 있다.

　그밖에 루이 15세의 애첩, 마담 퐁빠두르 부인 또한 샴페인을 사랑했던 것으로 유명하다. 샴페인 잔을 가리켜 뽕빠두르 마담의 젖가슴을 모형으로 했다고 전해질 정도로 흰 기포가 이는 샴페인과 그녀와의 연줄은 짙은 듯하다. 특히 뽕빠두르는 루이 15세가 즐겨 마신 모엣 샹동가의 샴페인을 즐겨 마셨다고 한다. 이에 더해 그녀는 여름 별장 꽁삐에뉴에서 즐기려고 왕실의 스탬프가 찍혀 있는 모엣 샹동가의 와인을 무려 2백병이나 한꺼번에 사들이고, 미용을 위해 샴페인으로 목욕을 했다고도 전해진다.

　20세기로 넘어와 샴페인을 좋아한 것으로 전해지는 여인으로는 최고의 섹스 심벌 마릴린 먼로가 있다. 몇 차례에 걸친 결혼과 이혼, 케네디가로부터의 버림, 37살로 마감한 의문을 남긴 죽음 등 그녀를 둘러싼 미스테리는 아직도 대중으로부터 그녀가 자유로울 수 없는 이유로 남아 있다.

그녀의 전기 작가 조지 바리스George Barris에 따르면 마릴린 먼로는 샴페인 350병으로 목욕을 하고 샴페인을 즐겨 마시며 샴페인으로 숨을 쉬었다고 할 정도로 샴페인을 좋아했다고 전해진다.

권력은 쉬 꺼지는 기포와 같은 것일까? 수천만 개의 아름다운 기포가 만들어 내는 화려하고 환상적인 아름다움의 극치 샴페인. 샴페인의 치명적 아름다움을 사랑했던 세기의 여인들의 삶 역시 화려했으나 권력과 명예가 다한 후에는 기포가 날라간 샴페인처럼

쓸쓸히 생을 마감했다.

　클레오파트라는 연인 안토니우스가 자결한 지 열흘 후에 스스로 독사에 물려 생을 마감했다. 이때 그녀의 나이 39살이었다. 또한 루이 15세의 애첩 마담 뽕빠두르도 왕비를 밀쳐내고 얻은 그 자리를 유지하기 위해, 무던히도 애쓰며 스트레스를 받아온 이유인지 43살로 짧은 생을 마감했다. 그리고 마릴린 먼로 역시 '나는 단 한번도 행복한 적이 없었다'는 쓸쓸한 고백을 남길 만큼 불행한 삶을 살다가 의문의 죽음을 맞이했다.

샴페인과 세기의 여인들 III
샴페인의 아름다움을 질투하다.

　샴페인의 아름다움은 단연 여리고도 투명한 글라스를 따라 피어오르는 수천만 개의 기포를 감상하는 것이다. 겹겹이 속마음을 감춘 꽃잎처럼 끝없이 아름답게 펼쳐지는 기포를 바라보고 있노라면 돔 페리뇽Dom Pérignon의 말처럼 "나는 지금 별을 마시고 있다"는 말이 저절로 연상된다.

　이 기포들을 손색없이 즐기기 위해서 샴페인은 반드시 샴페인 글라스에 따라 마셔야 한다. 일반적으로 많이 쓰이는 글라스로는 입구가 넓고 둥근 모양, 길쭉한 튤립모양, 보다 더 샤프하게 길쭉한 풀루트Flute 모양이 있다.

　예로부터 샴페인에 대한 여인들의 사랑은 각별했는데, 이 사랑은 샴페인 글라스 모양에도 큰 영향을 미쳤다. 역사 이래 최초로 알려져 있는 여인은 트로이 전쟁의 도화선, 헬렌^{Helen}이었다. 트로이 전쟁은 유부녀였음에도 불구하고 너무도 아름다웠던 헬렌을 차지하기 위해 모험을 감행한 트로이군과 아내를 뺏긴 수치심을 회복해야 했던 그리스군 사이에 10여 년에 걸쳐 벌어진 전쟁이다. 당시 그리스 사람들은 와인을 마시는 일이 매우 관능적인 경험이라 여겼고 이 때문에 지상 최고의 여인 헬렌의 가슴 모양을 본떠 글라스가 만들어졌다.

황제의 샴페인
루이로드레 크리스탈 브뤼 샴페인

수세기 이후, 비운의 주인공이자 1,000일의 앤, 마리 앙뜨와네뜨는 샴페인 글라스를 새로 만들어야겠다는 결심을 한다. 앙뜨와네뜨 역시 자신의 가슴 모양을 본떠 글라스 모양을 만들게 했는데, 헬렌의 경우보다는 보다 더 적극적이었다고 볼 수 있다. 아마도 수백 년, 수천 년이 지나도 후대 사람들이 자신의 아름다움을 기억하기를 바란 세기의 여인들의 공명심 때문이었으리라.

오늘날 가슴 모양을 본떠 만든 넓고 둥근 모양은 많이 쓰이지 않는다. 글라스 역시 샴페인의 향과 맛을 극대화 하기 위해 고안된 과학의 산물인지라 세월의 흐름과 함께 변했기 때문이다. 실제로 길쭉한 형태의 글라스가 넓고 둥근 형태보다 기포를 더 오래 유지하고 샴페인 특유의 아로마와 부케를 더 잘 보존해 준다.

그러나 오늘만큼은 넓고 둥근, 헬렌의 가슴 모양을 본떴다고 하는 그 글라스에 샴페인을 따라 마셔보면 어떨까? 글라스 하나에도 더 많은 아름다움을 느끼고 싶어했던 고대 그리스인들의 열망을 떠올리며 마시다 보면 보다 더 육감적으로 느껴지지 않을는지…….

샴페인과 과학
샴페인 한 병에 담긴 기포는 과연 몇 개?

샴페인의 아름다움에 매료된 것은 비단 세기의 여인들만은 아니었다. 일반인들이 샴페인의 시각적 아름다움에 매료될 때 과학자들은 '딴 생각'을 했던 모양이다. 이들의 관심은 '샴페인 한 병에 담긴 기포가 과연 몇 개'에 꽂혔다. 이 관심은 호기심 차원을 넘어 실제 실험을 통해 증명됐다.

과학자 빌 렘벡Bill Lembeck에 따르면 750ml 샴페인 한 병은 탄산가스와 기포 수의 합으로 이뤄져 있다. 먼저 탄산가스 양을 측정했는데, 샴페인 한 병 속의 기압은 약 5.5기압이므로, 샴페인 부피인 750ml의 약 5.5배가 전체 부피가 된다. 따라서 전체 부피는 5.5 * 750ml = 4,125ml.

　다음은 기포 수로, 기포는 특수장치를 통해 한 개당 0.5mm로 측정됐다. 그러나 빌은 한 가지를 더 고려해야 했는데, 병을 열어도 기포화되지 않는 탄산가스의 부피를 측정해야 했다. 이 부피는 약 750ml로 측정돼 결국 3,375ml의 유효한 수치를 얻을 수 있었다. 이 방법을 통해 얻어진 총 기포 수는 무려 49million(4천9백만)에 이르렀다.

　빌 외에도 최고의 샴페인 회사인 모엣 샹동과 하이네켄은 브루노Bruno라는 연구진과 '거품의 형성 및 안정성에 끼치는 영향 요소에 대한 연구'를 시행했다. 이 연구는 1986년부터 1989년까지 3년에 걸쳐 이뤄졌고 무려 7million 달러(약 70억 원)라는 연구비가 투여됐다. 연구결과 샴페인 750ml 한 병에는 250million(25억)이라는 어마어마한 기포가 들어있는 것으로 조사됐다. 연구결과에 왜 차이가 나는지는 밝혀낼 수 없으나 일반인들이 생각하는 것 이상으로 많은 기포들이 들어 있는 것만은 확실하다.

　무려 20년 전에 이뤄진 연구이니만큼 지금보다 화폐가치는 훨씬 더 높았을 것이고, 그 당시 유행하던 TV드라마 '6백만불의 사나이'가 상상해 볼 수 있는 최고 액수였던 것을 회고해 볼 때, 단순한 기포 수 측정만을 위한 연구가 아니었을 것을 감안하더라도 7백만 불이라는 돈을 쏟아부었다는 사실 역시 놀라울 뿐이다.

　샴페인 기포를 볼 때마다 단순히 아름답다고만 생각했는데, 적게는 4,900만 개에서 많게는 25억 개에 이르는 어마어마한 기포가 들어 있다니……. 기포를 볼 때마다 하늘에 흩뿌려진 헤아릴 수 없이 많은 별이 연상됐던 건 어쩌면 우연이 아니었던 듯하다.

● Wine List

구분	생산국	이름	품종	생산지	빈티지	생산자	알코올 도수	용량	소비자 가격
	프랑스	로랑 페리에 브뤼	샤르도네 45% 피노 누아 40% 피노뮈니에 15%	상파뉴	Non-vintage	Laurent- Perrier	12%	375ml	51,000
	프랑스	드미섹 때팅저	샤르도네 / 피노 누아 / 피노뮈니에	상파뉴	Non-vintage	Taittinger		750ml	100,000
	프랑스	볼린저 스페셜 퀴베 브뤼	피노 누아 60% / 샤르도네 25% / 피노모니에 15%	상파뉴	Non-vintage	Bollinger	12%	750ml	103,000
	프랑스	브뤼 리저브 태팅저	샤르도네 40% / 피노 누아, 피노뮈니에 60%	상파뉴	Non-vintage	Taittinger		750ml	117,000
	프랑스	폴 로저 브뤼 빈티지	피노 누아 60% / 샤르도네 40%	상파뉴	1998	Pol Roger	12,50%	750ml	150,000
	프랑스	도츠 블랑 드 블랑	샤도네이 100%	상파뉴	1996	Deutz	12%	750ml	119,000
	프랑스	도츠 브뤼 클라식	피노 누아 60% / 샤르도네 30% / 피노 뫼니에 10%	상파뉴	1998	Deutz	12%	750ml	116,000
	미국	캔우드 율루파 퀴베 브뤼	피노 누아 / 샤르도네 / 프렌치 콜롬바드 / 슈넹 블랑	소노마	Non-vintage	Kenwood	13%	750ml	40,000
	독일	헨켈 트로켄	다품종 혼합	독일	Non-vintage	Henkell & Söhnlein	12%	750ml	24,000
	이탈리아	모스까또 다스티 OCG	모스까또 100%	피에몬테	Non-vintage	Gancia		750ml	24,000

● Wine List

구분	생산국	이름	품종	생산지	빈티지	생산자	알코올 도수	용량	소비자 가격
	이탈리아	아스티 스푸만테	모스까또 100%	피에몬테	Non-vintage	toso	7%	750ml	25,000
	프랑스	뀌베 윌리암 도츠	피노 누아 55% 샤르도네 35% / 피노뫼니에 10%	상파뉴	1996	Deutz	12%	750ml	244,000
	프랑스	뀌베 써 윈스턴 처칠		상파뉴	1996	Pol Roger	12.50%	750ml	300,000
	프랑스	꽁떼 드 상파뉴 블랑 드 블랑	샤르도네 100%	상파뉴	1995	Taittinger		750ml	322,000

Special Sips

위대한 생명의 탄생을 축하하며

저출산 사회가 되면서 사회풍속도 많이 변했다. 예전에는 고작해야 맨몸으로 와서 입는 첫 옷이라 해서 배냇저고리 정도를 보관했다가 아이가 장성하면 보여주는 정도였다면, 요즘에는 만삭 엄마를 기념하는 출산 화보를 비롯해 탯줄을 기념하는 각종 장신구에 제대혈 보관에 이르기까지 참으로 다양해졌다. 아이를 많아야 둘 정도 낳는 현실이니 돈이 아무리 많이 들어도 의미 있게 기념하고 싶은 심정이야 시간이 갈수록 더 하지 않을까 싶다.

어릴 때부터 영화를 좋아했던 내가 오래 전 어떤 영화를 보다 유독 부러워한 장면이 있다. 친구며 친척들이며, 엄마 아빠가 한 명씩 나와서 신랑신부의 어린 시절부터 성장할 때까지의 추억담을 들려 주며 축하하는 결혼식 장면이다. 특히 인상적이었던 것은 아버지의 기념사 부분인데, 딸이 태어난 해를 기념해 좋은 빈티지 와인을 구입하여 20여 년간 보관했다 같이 마시는 장면이었다. 딸을 보내는 섭섭함과 잘 성장해준 데 대한 대견함 등의 감정이 교차되며 아버지는 보일 듯 말 듯한 눈물을 글썽인다. 오래전에 본 영화였지만 지금도 그 감동이 잊혀지지 않는다.

우리한테는 낯설기도 하지만 서양에서는 birth-year bottle이라고 해서 새로운 생명이 태어나는 것을 기념해 그 해의 빈티지 와인을 구입, 셀러에 보관한다. 그리고 아이가 장성한 이후 성년식, 대학 졸업식, 결혼과 같은 기념할 만한 날에 와인을 꺼내 그 기쁨을 함께한다.

와인 애호가 중 이미 누군가가 시도했을지도 모르지만, 이것도 혹 어느 시점엔가 좀 더 특별한 출산 이벤트를 꿈꾸는 부모들 사이에서 유행이 될지도 모르겠다.

단, 이 특별한 선물을 기획하자면 몇 가지 고려사항이 있다.

첫째는 좋은 빈티지 와인을 고르는 일이다. 2000년 보르도, 2001년 독일 등 확실히 좋은 해라고 알려진 지역의 와인을 고르는 것이다. 와인은 20년 이상 숙성 가능해야 하므로 프랑스 그랑크뤼 등급 와인이나 캘리포니아 고급 까베르네 쇼비뇽 와인, 소떼른, 독일 스위트 와인, 이태리 바롤로 등을 선택한다. 그런데 만약 아이가 작황이 좋지 않은 해에 태어났다면? 일반적으로 알고 있는 와인 명산지에서 그다지 좋지 않은 빈티지가 나왔다 해도 지구 반대편에서는 좋을 수 있다. 지역에 따라 편차가 있으니 어디에선가는 좋은 빈티지를 구할 수 있을 것이다.

다음으로는 장기 보관이 가능토록 구비시설을 갖춰야 한다. 예를 들어, 올해 태어난 아들을 기념해 올해 보르도 와인을 구입했다고 하자. 당신은 아이가 성년이 되는 해인 2030년경 와인을 오픈하고 싶겠지만 장기 보관할 수 없다면 이 모든 것은 실현 불가능하다. 이 때문에 외국처럼 지하실에 셀러를 두지 않은 다음에는 와인 전용 셀러를 장기 임대하거나 전용 냉장고가 필요하다. 그렇지 않을 경우 와인이 산화되거나 정상적인 속도보다 너무 빨리 숙성되어 예상보다 빨리 오픈해야 할지도 모른다.

또 한 가지 더 현실적인 이유로 당신의 아이가 와인을 좋아하려면 나이가 좀 필요하다는 것이다. 와인은 20대 초반부터 좋아지는 술이라기보다는 나이 들면서 좋아지는 술이기 때문이다. 20대 초반에는 와인보다는 맥주를 더 좋아하는 게 자연스러운 일이니 함께 와인을 즐기자면 좀더 느긋하게 아이가 20대 중, 후반이 될 때까지 기다려야 할지도 모른다.

마지막으로 한 병만 구입하는 데 따른 실패 확률을 줄이기 위해서라도 추가적으로 몇 병을 구입하거나 빈티지가 다르더라도 여유분을 구해두는 게 좋다. 아무리 좋은 와인이라도 해도 불량 코르크에 의한 산화만도 아직은 5%에 이르는 것이 현실이다. 성년식, 대학 졸업식, 취직 축하, 약혼식, 결혼 등 생각해 보면 기념할 만한 날도 여러 날이므로, 때가 됐다고 생각되는 그날을 위해 보다 여유 있게 대비해 두는 게 좋을 듯하다.

위의 모든 것을 감안한다고 하더라도 프랑스나 미국처럼 가까운 곳에 와이너리를 두고 사는 것이 아닌 이상, 원하는 해의 빈티지를 구입하는 것이 현실처럼 쉽지만은 않다. 일반인들이 와인을 구입하는 곳이 기껏해야 대형마트나 주류 전문점에 한정돼 있는 현실에서 어렵고 번거롭게 느껴진다면 '경매'를 이용해 보는 것도 한 방법이다.

경매는 와인 유통구조에서 소매점을 대신하기 때문에 싸게 구입할 수 있고 무엇보다 구하기 힘든 와인을 구입할 수 있어 매력적이다. 경매라 해서 꼭 비싸고 귀한 것만 나오는 것은 아니다. 한 예로 한 호텔에서 진행된 와인 경매 행사의 경우, 총 200여 종이 소개됐는데 이 가운데 30여 가지는 병당 5만 원 이하의 저렴한 와인이었다. 일반 와인은 여섯 병 혹은 열두 병들이 박스 단위로 팔기 때문에 와인 동호회 등에 가입, 팀을 짜서 여럿이 구입한다면 훨씬 적은 부담으로 와인 경매에 참가할 수 있다.

또한 국내 와인 경매에 와인을 내놓는 사람들은 대부분 전문 네트워크를 갖고 있는 수입상들이기 때문에 일반적으로 만나보기 어려운 와인들을 들여온다.

이탈리아 토스카나 오르넬라야Ornellaia 2병은 35만원(2003년 4월)에, 1986년산 샤또 르팽Ch. Le Pin은 165만원(2003년 4월 경매)에, 보르도 전설의 해인 1961년 샤또 라뚜르Ch. Latour는 560만원(2004년 3월)에 낙찰됐다.

직접 구입하든 경매를 통해 구입하든, '대를 잇는' 모든 것은 가치 있고 아름답다. 아버지가 아들에게 야구나 낚시를 가르치는 일처럼, 자식과 함께 대를 이어 와인을 즐길 수 있다면, 와인 애호가로서 그보다 더한 꿈이 있으랴.

와인 경매 참여하기

와인 경매회사 아트옥션 조정용 대표가 말하는 경매용어와 몇 가지 원칙을 정리해 본다.

경매용어 해설

❶ 번호 팻말 : 경매 참가 등록을 하면 번호가 쓰여진 팻말을 받는다. 그 팻말을 들어 입찰한다.

❷ 위탁 수수료 : 와인회사가 경매회사에 와인 판매를 위탁할 때 지급하는 수수료. 만약 입찰되지 안으면 수수료를 지불하지 않는다.

❸ 낙찰 수수료 : 와인이 낙찰되면 낙찰자는 경매회사에 낙찰금액의 11%에 해당하는 수수료를 추가로 지불해야 한다.

❹ 낙찰가격 : 경매사가 경매봉을 내리치고 '낙찰'이라고 외쳤을 때의 가격으로 최고 입찰가격을 의미한다.

❺ 내정가격 : 와인을 위탁할 때 위탁자와 경매회사가 합의한 와인의 최소 낙찰가격. 입찰이 내정가격에 미치지 못하면 경매는 유찰된다.

경매 8원칙

❶ 빈티지가 좋은 투자등급 와인을 산다 : 1등급인 샤또 라투르라고 해서 다 품질이 월등한 것은 아니다. 어느 해에 생산된 것인지가 중요하다.

❷ 신뢰할 만한 구입처를 선택한다 : 특별한 의미를 염두에 두고 있다면 더더욱 신중하게 선택해야 한다.

❸ 큰 용량이나 상자 단위로 구입한다 : 보다 저렴하게 구입할 수 있다.

❹ 선물 거래로 산다 : 비교적 저렴하게 살 수 있다.

❺ 셀러를 구축하라 : 좋은 와인을 보관하기 위해서는 반드시 필요하다.

❻ 값이 너무 비쌀 때는 구입하지 않는다 : 굳이 경매를 이용하는 의미가 없다.

네비올로(Nebbiolo)
– 밀리터리룩(MilitaryLook)
시간을 거스르는 강렬하고 파워풀한 힘을 만난다.

이탈리아 북서부 피에몬테 지방의 품종으로 키안티의 산지오베제와 함께 이탈리아의 대표 품종이다. 이탈리아 최고급 레드 와인인 바롤로와 바르바레스코가 이 품종으로 생산된다. 네비올로는 안개라는 뜻의 이탈리아어 네비아Nebbia에서 유래된 말로, 이 지역에 안개가 자주 끼는 것에서 붙여진 이름이다. 알코올 농도, 탄닌, 산도 모두 높아 오래 숙성시킬 수 있다. 강렬한 탄닌으로 종종 까베르네 쇼비뇽과 비교되기도 하나 네비올로만의 우아함을 갖고 있어 이탈리아의 부르고뉴라고 불리기도 한다. 과거에는 진하고 강렬한 와인으로 인식됐으나, 최근에는 보다 부드러운 탄닌과 과일향이 풍부한 와인으로 변모 중이다.

바롤로의 경우 보통 3년 이상, 리제르바는 5년 숙성시키고 바

르바레스코는 보통 2년, 리제르바는 4년 숙성시킨다. 바르바레스코는 병입 후 4년, 바롤로는 6년 후에 마시는 것이 좋다.

이탈리아 전통 품종인만큼 피에몬테 지역의 바롤로, 바르바레스코에서 주로 생산된다.

· Aroma & Bouquet : 말린 자두, 감초, 사향, 송로, 장미향.
· Dry : 탄닌이 많아 다른 품종보다 더 드라이하게 느껴진다.
· Bright : 높은 산도 역시 네비올로의 특징이다.
· Medium~full bodied : 바르바레스코는 알코올 도수가 낮은 편(12.5%)으로 부드럽게 느껴지나 바롤로는 강한 바디로 묵직하게 느껴진다.
· Medium to strong tannins : 전반적으로 네비올로는 탄닌이 많은 편이다.

Ten Minutes Lesson
빈티지의 이해

명산지에서 나는 고급 와인이 아닌 경우라면, 일상에서 구입할 수 있는 와인에 있어서 빈티지는 식품에 있어서 유통기한과 같은 의미이다. 유통기한이 지난 식품은 변질됐을 가능성을 의심해야 하듯이 와인도 생산된 지 오래된 와인은 산화된다.

다만, 꿀이나 식초처럼 오래 보관할 수 있는 식품이 있듯이, 고급 보르도 와인이나 캘리포니아 까베르네 쇼비뇽, 소떼른, 이탈리아의 바롤로, 늦게 수확한 독일 리슬링 등 몇몇 명산지에서 나는 와인은 포도 품종, 태닌, 알코올 등 여러 요인들에 의해 수십 년 동안 변질되지 않고 보존이 가능하다.

화이트 와인은 시간이 지날수록 황금빛이 진해지며 갈색으로 변하면서 신선도를 잃게 된다. 따라서 2~3년 내의 빈티지를 고르는 것이 좋다. 레드 와인 역시 병입한 지 2~3년 내에 소비되는 것이 좋다. 장기 보관할 만한 레드 와인은 산지별로 좋은 해의 빈티지가 나와 있으니 참고하고 구입하는 게 좋다.

국 가	지 역	빈티지	점 수
프랑스	Left Bank – 메독/빠삭 레오냥	2005	95~100 (예정)
		2003	95
		2000	99
		1995	96
	Right Bank – 뽀므롤/쌩떼밀리용	2005	95~100 (예정)
		2003	94
		2000	97
		1998	95
	보르도 – 1995년 이전	1990	97
		1989	98
		1982	95
		1961	99
		1959	97
		1945	98
	소떼른	2003	95
		2001	97
		1990	97
		1989	98
		1983	95

국가	지역	빈티지	점수
독일 (리슬링)	–	2005	98
		2001	98
		1990	97
		1976	96
		1971	97
이탈리아	토스카나/키안티	1997	97
	토스카나/부르넬로 디 몬탈치노	2004	92~97
		2001	98
		1999	97
		1997	99
	피에몬테/바롤로, 바르바레스코	2000	100
		1997	99
		1996	98
		1990	97
		1989	97
미국	캘리포니아/나파밸리	1999	97
		1997	99
		1996	96
		1995	97
		1994	97
		1986	96
		1985	97
	캘리포니아 – 1970년 이전	1974	96
		1970	97

* 출처 : Wine Spectator, www.winespectator.com
* 빈티지 차트는 세계적으로 공신력 있는 Wine Spectator에서 옮겨온 것이며, 점수는 100점 만점을 기준으로 한다.

197

● Wine List

구분	생산국	이름	품종	생산지	빈티지	생산자	알코올 도수	용량	소비자 가격
	이탈리아	빠뜨리찌 바롤로	네비올로 100%	바롤로	2003	Patrizi	13.50%	750ml	57,000
	이탈리아	바롤로 마쏠리노	네비올로 100%	바롤로	1999	Vigna Rionda di Massolino	13.50%	750ml	93,000
	이탈리아	지아니 갈리아도 바롤로 리제르바	네비올로 100%	바롤로	2000	Gianni Gagliardo	14.00%	750ml	25,000
	이탈리아	바롤로 알렉산드리아	네비올로 100%	피에몬테	1997	Gianfranco Alessandria	14.00%	750ml	113,000
	이탈리아	바롤로 몬팔레토	네비올로 100%	피에몬테	2001	Cordero di Montezemolo		750ml	118,000
	이탈리아	다그로미스 바롤로	네비올로 100%	바롤로	2001	Angelo Gaja		750ml	150,000
	이탈리아	바롤로 비냐 꿍카	네비올로 100%	바롤로	1997	Fratelli Revello	14.50%	750ml	178,000
	이탈리아	바레스코 비네토 바레이라노	네비올로 100%	피에몬테	2001	La Spinetta	14.50%	750ml	260,000
	이탈리아	콘테이사 랑게	네비올로 92% 바르베라 8%	피에몬테	1997	Angelo Gaja		750ml	355,000
	이탈리아	쏘리 틸딘	네비올로 95% 바르베라 5%	피에몬테	1997	Angelo Gaja		750ml	728,000

마음과 마음을 엮다

와인은 파티를 부르는 술이다. 더불어 친구를 부르고, 마음에 유쾌함을 선사하는 신비의 명약이다. 그러나 와인 파티가 일부 돈 많은 사람들의 전유물이라고 생각했다면 이제부터 생각을 고쳐먹을 일이다. 얼마나 아는가를 보여주는 지적 허영심과 얼마나 비싼 와인을 마실 수 있는가를 드러내는 사치를 벗어난, 진정 와인을 좋아하는 사람들이 벌이는 삼삼오오 파티가 많아지고 있기 때문이다.

모이는 이유도 제각각이다. 와인을 심도있게 즐기기 위한 와인 테이스팅 파티에서부터 싱글 선남선녀들의 파티, 이색 품종만 맛본다는 파티에 이르기까지 컨셉과 내용도 다양해지고 있다.

파티라고 하면 으레 음식이 신경 쓰이게 마련이지만 거창하게 생각할 필요없다. 간단히 요기할 수 있는 음식과 치즈, 메인 와인 종류에 맞는 한두 가지 샐러드 정도면 충분하다. 소박하지만 즐거운 파티를 위한 실속 아이디어를 살펴본다.

누구나 할 수 있다
만만한 와인 파티 짜는 법

와인 애호가들과의 모임이라면 주제를 정해보는 것도 좋다. 예를 들어 부르고뉴 와인 파티라든지, 달콤한 와인 파티, 샴페인 파티 등 애호가들의 수준에 맞게 주제를 정한다. 파티 호스트는 음식과 장소를 제공하고, 참석자들에게 각자 마실 와인을 갖고 오도록 한다. 특히 평상시에는 마셔 보기 힘든 개성강한 품종을 주제로 정해 보는 것도 색다른 재미다. 진판델Zinfandel이나 말벡Malbec, 템프라니요Tempranillo 등 잘 알려져 있지 않은 와인 품종들을 호스트가 직접 준비하거나 추가시켜 즐겨보자. 나만의 취향을 넘어 다양한 맛과 향을 경험해 볼 수 있어 재미가 배가 된다.

파티 플랜 순서

파티를 어떤 컨셉으로 열 것인지를 결정한다.

와인과 함께라면 그 어떤 자리도 즐겁겠지만, 주제가 있는 파티라면 대화의 내용도 풍성해질뿐 아니라 다음 파티까지도 쉽게 기획할 수 있다. 주제에 맞는 와인을 선정하고 직접 준비할 것인지, 참석자들이 가져오도록 할지를 정한다. 직접 준비할 경우 사전에 정보를 파악해 미리 구비해 두고, 참석자들이 가져오도록 할 경우에도 미리 준비할 수 있도록 충분한 시간을 두고 알린다.

와인 종류에 맞는 음식을 정하고 글라스 등을 준비한다.

파스타, 치즈, 미니 샌드위치, 케밥 등 간단히 준비할 수 있는 음식 위주로 메뉴를 구성한다. 와인 종류에 맞는 글라스 역시 빼놓지 않고 준비한다.

와인 서브 온도를 고려한다.

와인은 온도에 따라 그 맛과 향이 달라지는 술이다. 참석자들이 와인을 가져오게 하는 경우 본격적으로 와인 파티를 시작하기에 앞서 와인 서브 온도를 맞춰야 한다. 화이트 와인은 냉장고에 넣어 두고, 레드 와인도 알코올 농도 등에 맞게 온도를 맞춰 둔다.

파티 시작 전, 간단히 마실 수 있는 와인은 호스트가 준비한다.

적정하게 와인 온도를 맞추는 동안, 초대 손님들이 가볍게 마실 수 있는 와인은 호스트가 직접 준비하는 것이 좋다. 알코올 도수가 낮은 리슬링 같은 화이트 와인을 준비, 입맛을 돋구며 얘기를 시작하면 보다 자연스럽다.

와인 파티 음식

연 어 샐 러 드

재료(4인분 기준)
훈제 연어 320g, 앤다이브 80g, 트레비스 60g, 양파 60g, 케이퍼 약간
드레싱: 다진양파 2작은술, 올리브유 4큰술

요리 순서
01 훈제 연어를 얇게 포를 뜨고 앤다이브는 한 잎씩 떼어 씻어 물기를 뺀다.

02 트레비스는 손으로 뜯어서 찬물에 담갔다 건져 물기를 빼고, 양파는 얇게
     링으로 썰어서 찬물에 담가 매운맛을 없앤 뒤 건져서 물기를 뺀다.

03 접시에 훈제 연어와 앤다이브, 트레비스를 담고 양파를 얹은 뒤 케이퍼를
     뿌리고 양파 드레싱을 곁들인다.

비프케밥

재료(4인분 기준)

쇠고기 300g, 치커리 200g, 양파 1/2개, 토마토 1개, 밀가루 2컵, 올리브유 2 큰술, 버터 1큰술

양념: 설탕 2작은술, 소금 조금, 물 조금, 꿀 4큰술, 머스터드 4작은술, 올리브 유 2큰술, 식초 2큰술

요리 순서

01 불고기감 쇠고기는 약간 도톰하게 준비하고 소금, 후추, 참기름, 깨소금으로 갖은 양념을 한다.

02 팬에 기름을 두르고 뜨겁게 달구어지면 양념한 고기를 한 장씩 펴서 굽는다.

03 양파는 얇게 채썰고, 토마토는 네모지게 썬다.

04 양상추와 치커리는 흐르는 물에 씻어 물기를 없애고 먹기 좋은 크기로 뜯는다.

05 밀가루에 설탕, 소금, 올리브유, 버터를 넣고 고루 섞이게 잘 비빈 후 물을 조금씩 넣어가며 반죽한다. (반죽 상태는 칼국수보다 조금 되직하게 한다.)

06 반죽이 매끄럽게 한 덩어리로 뭉쳐지면 조금씩 떼어 지름 10cm 정도로 얇게 민다. (만두피보다는 조금 두껍게)

07 팬에 기름을 두르지 말고 그대로 약한 불에서 타지 않게 굽는다. 중간에 뚜껑을 덮어 약간 부드럽게 익힌다.

08 머스터드에 물엿과 올리브유, 식초를 조금 섞어 허니머스터드 소스를 만든다.

해산물스파게티

재료(4인분 기준)

오징어 1마리, 새우 8마리, 홍합 12개, 모시조개 8개, 스파게티 300g, 양파 1개, 파슬리 약간, 샐러리 약간, 마늘 6쪽, 토마토 페이스트 8큰술, 육수 400cc, 월계수 잎 2개, 후춧가루 약간, 화이트 와인 약간, 올리브유, 파마산 치즈

요리 순서

01 홍합과 모시조개를 반나절 전 소금물에 해감시킨다. 새우는 내장을 제거하고, 오징어는 손질해서 링 모양으로 잘라둔다.

02 샐러리는 1.5cm 폭으로 자르고, 양파는 잘게 다진다.

03 궁중팬이나 냄비에 올리브유를 두르고 다진 마늘(두 쪽)과 샐러리를 중불에서 볶다가 토마토 페이스트를 넣고 볶아준다.

04 육수를 붓고 월계수를 넣고 조린 뒤 소금, 후춧가루를 넣어 간한다.

05 올리브유를 팬에 두르고 중불에서 다진 마늘(두 쪽)과 다진 양파를 넣고 볶다가 새우, 오징어, 홍합, 모시조개를 넣는다.

06 05의 재료에 화이트 와인을 약간 넣어 냄새를 없앤다.

07 큰 냄비에 스파게티를 삶아(약 12분) 건진 후, 준비해 둔 토마토 소스를 얹는다.

08 다진 파슬리를 뿌리고 취향에 따라 파마산 치즈를 뿌린다.

이태리식 새우치즈피자

재료

도우 : 밀가루(강력분) 260g, 드라이 이스트 2작은술, 설탕 2작은술, 소금 1작
은술, 올리브오일 2작은술, 온수 180ml

토핑 : 새우 12마리(양념 재우기 - 청양고추 2개, 올리브오일 2큰술, 소금 약간,
굵게 다진 파슬리 2작은술), 양파 1/2개, 피망 1/2개, 올리브오일 2작은술
모짜렐라 치즈 340g, 체다 치즈 50g, 굵게 다진 파슬리 2작은술

요리 순서

01 도우 만들기 : 밀가루를 체에 내려 드라이 이스트, 소금, 설탕을 섞고 38도
의 온수를 넣어 반죽하다가, 올리브오일을 넣고 다시 10분 정도 반죽한 후
온수가 담긴 그릇에 도우를 넣고 중탕시켜 40분간 발효시킨다.

02 새우는 머리를 떼고 매장을 제거하고 껍질을 벗겨 올리브오일, 잘게 썬 고
추, 소금, 파슬리를 넣고 재워둔다. 뜨거운 팬에 재워둔 새우를 넣고 약 30
초간 익힌다.

03 양파와 피망은 채썰어 올리브오일에 볶는다. 소금, 후추 간한다.

04 밀대로 피자 도우를 밀어 피자팬 크기에 맞추고 올리브 오일을 살짝 두른
피자팬에 얹고 포크로 눌러 모양을 내고 올리브오일을 도우 위에 바른다.
준비한 모짜렐라 & 체다 치즈 반을 얹고 볶은 양파와 피망, 새우, 나머지
모짜렐라, 체다 치즈를 얹어 240도로 예열된 오븐에 넣고 10분간 익힌다.

05 피자를 꺼내고 다진 파슬리를 얹는다.

 Ten Minutes Lesson
와인 보관 및 서브 온도, 디켄팅의 미학

    좋은 와인을 고르는 안목 못지않게 와인을 다루는 데 있어 가
장 주의해야 할 것은 바로 적정한 온도를 찾아주는 것이다. 일반
인들이 잘 모르고 있는 것 중 하나는 와인이 자연발효식품이라는

것이다. 위스키나 브랜디처럼 증류된 술과는 달리, 살아 숨쉬기 때문에 변질되고 온도 변화에 민감하게 반응한다. 아무리 좋은 와인을 골랐다 하더라도 적정한 온도에서 보관하지 않으면 와인이 변질되고, 적정한 온도에서 서브돼야만 제 맛을 즐길 수 있다.

이는 음식 조리시 불 조절의 중요성에 비유할 수 있는데, 너무 센 불은 재료를 타게 하고, 너무 약한 불은 재료를 무르게 하는 것과 같은 이치다. 와인 최상의 맛을 내기 위한 방법으로 디캔터와 같은 특별한 기구를 이용하는 방법도 있다. 이것은 특히 보르도의 오래된 와인 등에서 침전물이 많이 생긴 경우 이를 제거한 후에 와인을 서브하기 위해 사용된다. 디캔팅을 거친 와인은 탄닌이 공기와 접촉하면서 디캔팅 전보다 부드러워진다.

다음은 와인 보관 및 서브, 디캔팅을 위한 가이드라인이다.

와인 보관 가이드라인

· 이상적 온도 10°C

와인냉장고와 같은 전용 제품을 적극 권한다. 그러나 전용 냉장고가 없다면 일반 냉장고 안에 보관한다. 냉장고의 냉장온도는 보통 −3°C ~ 3°C 전후인데, 일반적으로 마시는 저렴한 와인은 4°C 전후에 보관해도 무방하다. 반면, 병 숙성이 이뤄지는 고급 와인의 경우 가장 이상적인 온도인 10°C로 보관하는 것이 좋다.

· 와인은 반드시 옆으로 눕혀서 보관한다.

코르크와 와인 사이에 들어 있는 산소는 병입되기 전 제거된다. 그러나 코르크가 마르거나 느슨해지면 공기가 들어가 와인을 산화시킨다. 따라서 코르크가 건조하지 않고 항상 촉촉하게 젖어 있어야만 코르크 조직이 팽창, 외부로부터의 공기 주입을 막을 수 있다.

· 서늘하고, 온도가 일정한, 진동 없는 곳에 보관한다.

식품 보관에서 절대적 온도의 높음보다 더 나쁜 것은 심한 온도 변화에 노출되는 것이다. 외국의 경우 지하실에 저장고를 두고 보관하기도 하는데, 이곳은 빛에 노출되지 않고 서늘하며 온도 변화가 적어 보관하기에 적당하기 때문이다. 가장 최악의 장소는 아파트 베란다로 온도 변화가 가장 극심한 곳이므로 반드시 피해야 한다. 또한 진동이 심한 곳도 산화를 촉진하므로 피해야 한다.

와인 서브 가이드라인

와인 서브 온도가 중요하다고는 해도, 집에서 온도계를 들고 일일이 측정하기는 여간 귀찮고 번거로운 일이 아닐 수 없다. 일일이 외우기보다는 몇 가지 중요한 원칙을 이해하는 것이 더 중요하다.

· 와인 컬러가 연할수록 낮은 온도에서, 풀바디 일수록 높은 온도에서 서브한다. 따라서, Light-bodied 화이트는 가장 낮은 온도에서, 퍼플 컬러 레드 와인은 가장 높은 온도에서 서브한다.

· 오크 숙성된 와인은 차가울수록 맛이 강해진다. 오크 숙성된 샤르도네 등은 너무 차갑게 서브되지 않도록 주의한다.

· 스위트 와인은 너무 높은 온도에서 서브되면 단맛이 도드라진다.

· 알코올은 높은 온도에서 더 강하게 느껴지므로 알코올 도수가 높은 쉬라즈
나 진판델 등을 너무 높은 온도에서 서브하지 않도록 주의한다.

· 보통 실온은 21°C를 이르는 것으로, 냉방이나 난방을 하지 않은 실내 온도를
의미한다. 와인 온도를 1°C 올리는 데는 15분이 걸리고, 얼음 박스나 냉장고
에서 1°C를 내리는 데는 약 2분이 걸린다. 보관하고 있던 곳에서 언제 와인
을 꺼내 서브할 것인지를 미리 계산해야 한다. 귀찮게 느껴지겠지만 고급 와
인일수록 온도에 더욱 신경을 써서 서브해야 한다.

와인 종류별 적정 서브 온도에 대한 예

· 와인 온도 : 차갑게 서브 (4~10°C)
· 와인 종류 : Light-bodied 스파클링 와인, 화이트 디저트 와인, 리슬링, 슈냉
블랑, 피노 그리, 쇼비뇽 블랑, Light-bodied 샤르도네, 로제

· 와인 온도 : 시원하게 서브 (10~15°C)
· 와인 종류 : Full-bodied 샴페인, 샤르도네, 화이트 보르도, 세미용

· 와인 온도 : 약간 시원하게 서브 (12~18°C)
· 와인 종류 : 보졸레, Light-bodied 피노 누아, Light-bodied 키안티

· 와인 온도 : 실온보다 약간 낮게 서브 (16~20°C)
· 와인 종류 : 키안티 또는 산지오베제 와인, Full-bodied 피노 누아, 멜럿, 까
베르네 쇼비뇽, 진판델, 시라/쉬라즈

디켄팅

와인에 침전물이 생기는 것은 이상 징조가 아니다. 오래 숙성
된 와인에서는 종종 침전물이 생긴다. 디켄팅은 이렇게 오래 숙성

된 와인에 생긴 침전물을 디켄터^{Decantor}라는 기구를 통해 걸러내는 것을 의미한다.

10년 이상 숙성된 보르도의 고급 와인이나 8년 이상 숙성된 캘리포니아 까베르네 쇼비뇽 등은 디켄팅이 권장되는데, 디켄팅을 하고 나면 탄닌이 부드러워져 와인 맛이 더 좋게 느껴진다. 영 와인의 경우라도 디켄팅을 하고 나면 거친 탄닌이 부드럽게 느껴진다. 그러나 몇 시간 일찍 디켄팅을 할 경우 고유의 향이 다 날라갈 수 있으니 서브 직전에 디켄팅하는 것이 좋다.

디켄팅 하는 방법

옆으로 눕혀서 보관돼 있던 와인이라면 하루 전에 세워서 침전물이 바닥에 가라앉도록 한다.

와인 캡슐을 전부 벗겨내고 촛불을 켠다. 대부분의 와인 병은 어두운 녹색을 띄고 있어 침전물이 딸려 나오는 것이 잘 보이지 않으므로 촛불을 아래 부분에 켜고 관찰한다.

왼손으로 디켄터를, 오른손으로 와인병을 잡고 아주 천천히 디켄터에 붓는다. 멈추지 않고 붓다가 침전물이 보이면 병을 다시 세우고 침전물이 가라앉을 때까지 다시 기다렸다가 반복한다.

디켄팅이 완성되면 글라스에 따라 서브한다.

와인 글라스

레드 또는 화이트? 글라스 모양은 와인 품종에 따라 맛을 극대화하도록 디자인되고 얇고 강한 글라스일수록 입술에 닿을 때 최상의 감촉이 느껴진다.

　일반적으로 화이트 글라스는 레드 글라스보다 작고 글라스 모양도 비교적 곧은 편이다. 반면 레드 글라스는 거친 탄닌을 부드럽게 하고 와인의 풍부한 향을 잘 발산할 수 있도록 크기는 넉넉하면서 입구는 좁은 것이 좋다. 또한 향에 더욱 민감한 부르고뉴 글라스는 보르도 글라스보다 밑부분이 더 불룩한 게 일반적이다.

　와인 글라스 명칭은 주로 와인의 산지 이름을 따르는 경우가 많은데, 레드 보르도는 일반적인 레드 와인 글라스를, 레드 버건디의 경우 프랑스 부르고뉴(버건디) 지방의 와인용 글라스를 의미한다. 샴페인 글라스는 살아있는 버블을 충분히 즐길 수 있도록 플루트 모양으로 된 글라스를 고르도록 한다.

　마지막 한 방울까지 향과 맛이 살아있는 와인을 음미하고 싶다면 글라스의 위력을 절대 간과하지 말 것.

화이트　　　　　　　보르도 레드　　　　　　보르도 버건디　　　　　　샴페인

왼쪽부터 화이트 글라스 / 보르도 레드 / 보르도 버건디 / 샴
페인 무연 크리스탈Lead Fee Crystal로 금속성의 청아한 소리와 밀도,
투명도가 좋다.

* 사진제공 : 마누 크리스탈(www.imanu.co.kr)

와인 쇼핑

와인에 대한 기초 이해를 마쳤다면, 다음은 실전단계인 와인 쇼핑이다. 옷이나 구두를 쇼핑할 때와 마찬가지로 와인을 고르는 데도 쇼핑 전략이 필요하다. 구두 하나를 고르더라도 어떤 색상, 어떤 옷과 매치할 것인지에 대한 용도가 분명해야 실패하지 않듯 이, 와인도 사전에 꼼꼼히 체크해야 실패확률을 줄일 수 있다. 사 전에 무엇을 체크해야 할지 알아본다.

1. 어디에 쓸 와인인가를 결정한다.

가족들과의 저녁식사용인지, 혼자 마시기 위한 것인지, 친구들 과의 모임용인지, 선물용인지 명확한 용도를 파악한다. 선물용이 라면 받을 사람 취향을 먼저 파악해야 하고, 식사에 쓰일 용도라 면 어떤 음식을 함께 준비할 것인지를 따져봐야 한다. 강조하건 대, 와인은 음식과의 조화가 무엇보다 중요하다. 와인에 대한 이 해 정도가 부족할 경우 와인샵에서 일하는 직원에게 도움을 청할 수 있다. 그러나 이 경우에도 용도가 분명할수록 실질적인 도움을 받을 수있다.

2. 예산 범위를 정한다.

1만 원 미만에서부터 수백만 원에 이르기까지 천차만별인 것이 와인 가격이다. 용도와 함께 가격 범위를 정하면 수백 가지에서 수십 가지로 선택 범위를 좁힐 수 있다. 여기까지 확정되면 아래와 같이 정리할 수 있다.

· 용도 : 고등학교 친구들 3명과의 저녁모임
· 요리 : 닭 백숙과 생선회
· 와인 종류 : 멜럿과 쇼비뇽 블랑
· 가격 : 2~3만원대

3. 어디에서 살지를 정한다.

언제 어디서나 쉽게 이용할 수 있는 24시간 편의점에서부터 와인 전문숍에 이르기까지 다양한 곳에서 구입할 수 있다. 집과 가까이 있는 곳을 선택할 수도 있고, 보다 까다로운 조건들을 충족시키는 곳에서 구입할 수도 있다. 와인이 보관온도와 습도, 빛에 민감한 식품이니만큼 와인 전용 셀러를 갖추고 있는 곳에서 사는 것이 가장 바람직하다. 그러나 몇몇 와인 전문숍을 제외하고는 제대로 된 시설을 갖추고 있는 곳이 제한돼 있는 형편이다.

따라서 일상 와인은 대형 할인매장 내 와인숍, 고가 와인은 와인 전문숍에서 구매하는 것이 보다 안전한 선택이다.

와인 전문숍

와인만을 전문적으로 취급하는 곳으로 가장 추천되는 곳이다. 다양한 와인을 구매할 수 있을 뿐 아니라 전문적인 도움을 받을 수 있는 직원도 상주해 있다. 와인 전용 셀러도 구비하고 있어 보관 상태가 좋은 와인을 구매할 수 있다. 그러나 일부 지역에 제한돼 있어 접근성이 떨어지는 것이 약점이다. 갤러리아 백화점 내 에노테카ENOTECA, 와인나라 르클럽드뱅, 와인 타임, 와인하우스, 보테가 델 비노, 비노비노 등이 대표적인 와인 전문숍이다.

할인매장

E마트 등 대형 할인마트 내 와인 전문매장이 늘어나고 있는 추세. 중저가 와인뿐 아니라 최근에는 고가 와인들도 따로 관리, 판매하고 있다. 다른 제품을 쇼핑하면서 와인도 같이 쇼핑할 수 있다는 것이 장점이다. 자주 쇼핑하기 위해 들르는 곳이라면 어떤 와인을 구비하고 있는지, 세일품목 등은 어떤 것이 있는지 파악해 두면 저렴하게 와인을 구매할 수 있다. E마트 용산, 양재점, 코스트코 양재, 양평점 등이 대표적이다.

종합 주류 전문숍

와인뿐 아니라 위스키, 리큐르, 수입 맥주 등 다양한 주류를 판매하는 곳으로 주택가에도 많이 분포돼 있어 접근성이 좋다. 그러나 할인매장이나 전문숍에 비해 한정된 와인 종류를 구비하고 있고, 대형 할인매장에 비해서는 비싸다는 것이 단점이다. 가자 주류, 가나 주류, 로열 월드 주류 등이 대표적이다.

그밖에 백화점 내에 와인 전문매장이 있으나 가격이 비싼 편이고, 24시간 할인점 등은 지극히 제한된 종류만 판매하는 단점이 있다. 인터넷을 적극 활용, 보다 적극적으로 정보를 수집한다.

와인은 수입회사에 따라 와인 종류가 제한된다. 인터넷을 통해 수입되는 와인에 대한 정보와 가격을 확인하고 구입한다. 인터넷 회원이 되면 각종 시음회에 참석할 수도 있고 할인혜택도 주어지니 적극 활용해 보자.

● 와인나라 숍 안내

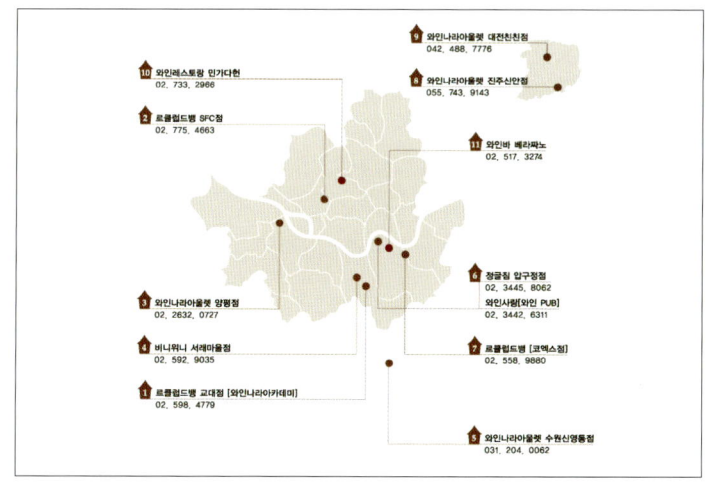

10 와인레스토랑 민가다헌
02, 733, 2966

2 로클럽드뱅 SFC점
02, 775, 4663

9 와인나라아울렛 대전친친점
042, 488, 7776

8 와인나라아울렛 진주신안점
055, 743, 9143

11 와인비 베라피노
02, 517, 3274

3 와인나라아울렛 양평점
02, 2632, 0727

4 비니위니 서래마을점
02, 592, 9035

1 로클럽드뱅 교대점 [와인나라아카데미]
02, 598, 4779

6 정글짐 압구정점
02, 3445, 8062
와인사랑[와인 PUB]
02, 3442, 6311

7 로클럽드뱅 [코엑스점]
02, 558, 9880

5 와인나라아울렛 수원신영통점
031, 204, 0062

와인나라 셀링 20선

구분	생산국	이름	품종	생산지	알코올 도수	용량	Tasting note	가격
	칠레	에스쿠도로호	까베르네쇼비뇽 70%, 까베르네프랑 10%, 까르미네르 20%	마이포밸리	13.00%	750ml	아름다운 짙은 붉은색, 랩스베리, 블랙베리 잘익은 과일향	30,000
	이태리	A/T티냐넬로	산지오베제 85%, 까베르네쇼비뇽 10%, 까베르네프랑 5%	토스카나	13.50%	750ml	농익은 과일의 풍미, 오크숙성으로 인한 밸벳느낌	155,000
	칠레	몬테스알파 까베르네쇼비뇽	까베르네쇼비뇽 85%, 메를로 15%	콜차구아밸리	13.00%	750ml	강렬한 루비색, 바닐라 민트향으로 우아한 면모	29,500
	이태리	빌라엠로쏘	브라케토 100%	피에몬테	5.50%	750ml	품격있는 레드 스위트 와인	33,000
	프랑스	B/P무똥까데레드	메를로 65%, 까베르네쇼비뇽 20%, 까베르네프랑 15%	보르도	10~12%	750ml	매력적인 체리빛, 야생딸기류의 향기	25,000
	이태리	G/G빌라엠	모스카텔 100%	피에몬테	11.00%	750ml	프레쉬한 기포 달콤함	24,000
	칠레	에쿠스까베르네쇼비뇽	까베르네쇼비뇽 100%	마이포밸리	14.50%	750ml	블랙커런트와 오크향의 조화	33,000
	칠레	코얌에밀리아나	까베르네쇼비뇽 30%, 메를로 15%, 까르미네르 17%, 쉬라 36% 무베르도 2%	센트럴밸리	14.50%	750ml	짙은 루비색 달콤하고 부드러운 베리향	43,000
	프랑스	모에샹동브뤼	샤르도네 21%, 피노 누아 50%, 피노뮈니에 29%	상파뉴	12.00%	750ml	과일향과 꽃향의 조화	57,000
	미국	K/J빈트너스리저브 까베르네쇼비뇽	까베르네쇼비뇽 87%, 메를로 10%, 까베르네프랑 3%	캘리포니아	13.50%	750ml	블렉베리 초콜릿 천연 향신료의 풍미	39,000

구분	생산국	이름	품 종	생산지	알코올 도수	용량	Tasting note	가격
	이태리	A/T피안델레비네 브루넬로몬탈치노	산지오배제 100%	토스카나	13.50%	750ml	벨벳같은 촉감과 긴여운	124,000
	프랑스	돔페리뇽	피노 누아, 샤르도네	상파뉴	12.00%	750ml	아몬드, 자몽향 살짝 구운 브리오슈	159,000
	프랑스	B/P무똥까데리저브메독	까베르네쇼비뇽 55%, 멜럿 38%, 까베르네프랑 7%	보르도	12.50%	750ml	딸기류와 과일향 가벼운 미네랄 느낌	43,000
	미국	K/J빈트너스리 저브샤도네이	샤르도네 100%	캘리포니아	13.00%	750ml	농익은 과일의 풍미	31,000
	이태리	A/T비노노빌레디몬테풀치 아노라브라체스카	푸루놀료젠틸레 90%, 멜럿 10%	토스카나	13.00%	750ml	붉은 빛깔과 바닐라향	49,000
	프랑스	A/L샤또보네리저브레드	A/L샤또보네리저브레드	보르도	12.00%	750ml	오크숙성을 통한 원숙미	43,000
	이태리	CDV베라자노 끼안띠클라시코	산지오베제, 까나이올로네로	토스카나	13.00%	750ml	이태리 정통 끼안띠의 묵직함	55,000
	프랑스	M/C크로즈에르미 따쥬바이오	시라 100%	론	14.00%	750ml	풍부한 과일향, 바닐라 풍미	51,000
	칠레	엘레강스까베르네쇼비뇽	까베르네쇼비뇽 100%	마이포밸리	14~20%	750ml	레드베리 블렉체리향 바닐라 토스트느낌	79,000
	칠레	몬테스알파메를로	멜럿 85%, 까베르네쇼비뇽 15%	콜차구아밸리	13.00%	750ml	루비색 강한 과일향 후추와 배향	29,500

와인 어디서 마시면 좋을까?

순서	업체명	형태	종류	주 소	연락처
1	뻬뜨뤼스	바	와인바	서울 강남구 청담동 141-16 지하 1층	02-545-0233
2	이닝	레스토랑	중식	서울 강남구 청담동 22-12	02-547-7444
3	돈존	레스토랑	한식	서울 강남구 논현동 60 무진빌딩	02-512-0137
4	까페와인	바	바	서울 강남구 역삼동 627-1 지하 2층	02-568-4325
5	공	바	바	서울 강남구 청담동 89-20	02-512-7958
6	모우	바	바	서울 강남구 신사동 650-9 지상 1층	02-3444-6069
7	바인씨티	바	바	서울 강남구 역삼동 816-7	02-501-6962
8	뱀부하우스	레스토랑	한식	서울 강남구 역삼 1동 658-10	02-566-0870
9	트레비	레스토랑	파스타	서울 강남구 신사동 589 제이에스빌딩 1층	02-3452-3223
10	라에스끼나	레스토랑	스페인	서울 강남구 논현동 101-12	02-3446-2525
11	무화잠	레스토랑	게요리	서울 강남구 논현동 142-2	02-3443-7892
12	작은숲	카페	카페	서울 종로구 안국동 87	02-734-9465
13	무비	레스토랑	퓨전	서울 강남구 청담동 99-5	02-518-2924
14	라꾸	레스토랑	퓨전	서울 강남구 역삼동 735 지하 1층	02-567-4510
15	팔레드고몽	레스토랑	프렌치	서울 강남구 청담동 118-10	02-546-8877
16	화로연	레스토랑	한식	서울 종로구 인사동 255	02-720-9272
17	타니	레스토랑	일식	서울 강남구 청담동 116-3 코모빌딩	02-3446-9982
18	클레오	바	바	서울 강남구 역삼동 603-7	02-5646-001
19	보나세라	레스토랑	이태리	서울 강남구 신사동 650-1	02-543-6668
20	본뽀스또	레스토랑	이태리	서울 강남구 청담동 91-11	02-544-4081
21	엘비노	레스토랑	와인바	서울 강남구 신사동 666-27 승경빌딩 2층	02-541-4261
22	스카이뷰	레스토랑	이태리	서울 양천구 목동 917-9 현대41 타워	02-2168-2222
23	라브리	레스토랑	프렌치	서울 종로구 종로 1가 1	02-739-8830
24	더레스토랑	레스토랑	프렌치	서울 종로구 소격동 59-1	02-735-8441
25	일치프리아니	레스토랑	이태리	서울 강남구 논현동 62-12, 22	02-540-4646
26	까사델비노	바	와인바	서울 강남구 청담동 141-13	02-542-8003
27	엘비노	바	와인바	서울 강남구 신사동 666-27 승경빌딩 2층	02-541-4261

순서	업체명	형태	종류	주 소	연락처
28	드꼬레	레스토랑	퓨전	서울 강남구 신사동 624-12	02-517-4727
29	뚜르뒤뱅	바	와인바	서울 서초구 반포동 96-8 동신빌딩 1층	02-533-1846
30	바인	바	와인바	서울 중구 소공동 1 롯데호텔서울 본관 1층	02-317-7151
31	문바	바	와인바	서울 중구 광화문 파이낸스빌딩 지하 2층	02-3783-0005
32	로마네꽁띠	바	와인바	서울 종로구 안국동 72-1	02-722-4776
33	비나모르	바	와인바	서울 마포구 서교동 328-14	02-336-9711
34	마고	바	와인바	서울 마포구 서교동 405-5	02-333-3554
35	뱅앤바인	바	와인바	서울 종로구 동숭동 1-99	02-766-3484
36	메이타이	바	와인바	서울 은평구 연신내	02-389-3595
37	비니위니	바	와인바	서울 서초구 방배중학교	02-592-9035
38	민가다헌	레스토랑	퓨전	서울 종로구 경운동 66-7(경인미술관 옆)	02-733-2966
				1900년대 초기 구한말, 명성황후의 친척 후손인 민익두 대감의 저택으로 한국 최초의 개량한옥 레스토랑. 까페, 다이닝룸, 도서관, 테라스 등의 룸으로 꾸며져 있다. 영업시간 : a.m. 11:00 ~ p.m. 10:00	
39	베라짜노	바	와인바	서울 강남구 청담동 디자이너 클럽 뒤편	02-517-3274
				CEO들이 가장 선호하는 와인바로 꼽힌 청담동 와인바 베라짜노. 넓은 야외정원에서 500여 가지 와인을 즐길 수 있는 와인하우스. 영업시간 : p.m.6:00 ~ a.m. 2:00	
40	와인사랑	레스토랑	퓨전	서울 강남구 압구정동 CGV 지하 1층	02-3442-6311
				편안하고 즐거운 분위기의 신개념 와인 Pub 영업시간 : p.m.6:00~p.m. 2:00	
41	베스파	레스토랑	이태리	서울 송파구 신천동 7-12 잠실 홈플러스 4층	02-412-3688
				이태리 도시를 모티브로 만든 이색 레스토랑으로 이태리 요리와 멋을 즐길 수 있는 공간. 영업시간 : a.m. 11:00~p.m.12:00	

WINE SPECTATOR'S TOP 100 AT A GLANCE

RANK	SCORE	PRICE	WINE
1	98	$80	**Clos des Papes** Châteauneuf-du-Pape 2005
2	95	$35	**Ridge** Chardonnay Santa Cruz Mountains Santa Cruz Mountain Estate 2005
3	95	$49	**Le Vieux Donjon** Châteauneuf-du-Pape 2005
4	95	$79	**Antinori** Toscana Tignanello 2004
5	95	$60	**Two Hands** Shiraz Barossa Valley Bella's Garden 2005
6	95	$90	**Château Léoville Las Cases** St.-Julien 2004
7	97	$150	**Tenuta dell'Ornellaia** Bolgheri Superiore Ornellaia 2004
8	95	$80	**Mollydooker** Shiraz McLaren Vale Carnival of Love 2006
9	95	$125	**Robert Mondavi** Cabernet Sauvignon Napa Valley Reserve 2004
10	99	$250	**Krug** Brut Champagne 1996
11	95	$88	**Bodegas Muga** Rioja Torre Muga 2004
12	96	$70	**Domaine du Pégaü** Châteauneuf-du-Pape Cuvée Réservée 2004
13	100	$175	**Valdicava** Brunello di Montalcino Madonna del Piano Riserva 2001
14	97	$45	**Joh. Jos. Prüm** Riesling Auslese Mosel-Saar-Ruwer Wehlener Sonnenuhr 2005
15	95	$40	**Sbragia Family** Chardonnay Napa Valley Gamble Ranch Vineyard 2004
16	93	$25	**Schild** Shiraz Barossa 2005
17	93	$35	**Orin Swift** The Prisoner Napa Valley 2005
18	96	$48	**Bodegas LAN** Rioja Edición Limitada 2004
19	97	$62	**Kosta Browne** Pinot Noir Sonoma Coast Kanzler Vineyard 2005
20	94	$52	**Domaine du Vieux Télégraphe** Châteauneuf-du-Pape La Crau 2004
21	97	$65	**Didier Dagueneau** Pouilly-Fumé Pur Sang 2005
22	93	$35	**Amisfield** Pinot Noir Central Otago 2005
23	93	$45	**Bodega Catena Zapata** Malbec Mendoza Alta 2004
24	94	$40	**John Duval** Entity Barossa Valley 2005
25	94	$40	**Argyle** Extended Tirage Willamette Valley 1997
26	97	$100	**Marchesi de' Frescobaldi** Brunello di Montalcino Castelgiocondo Ripe al Convento Riserva 2001
27	93	$46	**Chappellet** Cabernet Sauvignon Napa Valley Signature 2004
28	95	$100	**Quilceda Creek** Cabernet Sauvignon Columbia Valley 2004
29	92	$17	**Mount Eden** Chardonnay Edna Valley Wolff Vineyard 2004
30	92	$25	**Viña Montes** Syrah Colchagua Valley Alpha Apalta Vineyard 2005
31	93	$34	**Pago de los Capellanes** Ribera del Duero Crianza 2004
32	93	$35	**Clos du Mont-Olivet** Châteauneuf-du-Pape 2005
33	95	$55	**François Villard** Condrieu DePoncins 2005
34	93	$48	**Château Pontet-Canet** Pauillac 2004
35	91	$13	**Chateau St. Jean** Fumé Blanc Sonoma County 2005
36	91	$15	**Drylands** Sauvignon Blanc Marlborough 2006
37	92	$19	**Navarro** Zinfandel Mendocino 2004
38	92	$19	**Quinta do Infantado** Douro Reserva 2003
39	92	$32	**Rombauer** Chardonnay Carneros 2005
40	92	$27	**Merry Edwards** Sauvignon Blanc Russian River Valley 2005
41	93	$30	**Four Vines** Petite Sirah Paso Robles The Heretic 2004
42	91	$14	**Freie Weingärtner Wachau** Riesling Federspiel Trocken Wachau Terrassen Domäne Wachau 2005
43	92	$28	**Alain Graillot** Crozes-Hermitage 2005
44	93	$40	**Rubicon Estate** Zinfandel Rutherford Edizione Pennino 2004
45	92	$22	**Altos Las Hormigas** Malbec Mendoza Viña Hormigas Reserva 2005
46	92	$30	**Rafael Palacios** Valdeorras As Sortes Val do Bibei 2005
47	93	$35	**S.A. Huët** Vouvray Demi-Sec Clos du Bourg 2005
48	91	$16	**Heath Wines** Riesling Clare Valley Southern Sisters Reserve 2006
49	91	$19	**Viña Santa Rita** Cabernet Sauvignon Maipo Valley Medalla Real Special Reserve 2004
50	93	$39	**Planeta** Chardonnay Sicilia 2005

© 2007 M. Shanken Communications, Inc.

참고문헌

와인 / 김준철 지음, 백산출판사

Wine Buyer's Guide / 손진호,이효정 지음, 바롬 북스

올댓와인 / 조정용 지음, 해냄

프랑스 와인 / 최훈 지음, 자원평가연구원

와인 한잔의 진실 / 무라카미 류, 창해

Champagne - How Many Bubbles? -Bill Lembeck

The Simple & Savvy Wine Guide / Leslie Sbrocco

Wine for every day and every occasion / Dorothy J. Gaiter & John Brecher

Wine for Women / Leslie Sbrocco

A bubbly party / December, 2004, Wine Spectator

What occasion is the best time to open your wine? / December, 1998, Wine Spectator

Parental advisory / Wine Spectator

Inside mine of wine collector / Wine Spectator

Inside wine ; Color / Wine Spectator

Complete Wine Course / Kevin Zraly

Fabulous Fizz / Alice King